傍晚金黄色的光线投射过长廊，古朴的韵味也更增一分。拍摄时增加曝光补偿，照顾到了左侧的雪地。

光圈：f/14　快门速度：1/125s
感光度：ISO400　曝光补偿：+0.7EV

作品赏析

阴天情况下拍摄的烟雾蒙蒙的古镇，更有一番情调，宁静致远。

光圈：f/11　快门速度：1/400s
感光度：ISO100　曝光补偿：0EV

作品赏析

站在开阔的山顶，看着近处的景物和远处层峦叠嶂的山脉，有一览纵山小的感觉，以灵活运用近处的景物为主体，背景为远处的山脉，景物大小的对比增加画面的意境。
作品赏析
光圈：f/22
快门速度：1/200s
感光度：ISO100
曝光补偿：+0
广角镜头拍摄近处的景物会产生变形，画面中近处的马匹在透视下更加突出，占据画面大部分面积，让观者可以清晰地看到马匹头部的细节。
作品赏析
光圈：f/8
快门速度：1/600s
感光度：ISO200
曝光补偿：+0.3EV

狗拉雪橇是独具特色的地方性室外活动，在雪地中拍摄它们的运动姿态，最能体现出这种活动的特色，使用广角镜头拍摄，画面涵盖长长的狗队伍和坐在雪橇上的人。

光圈：f/11　快门速度：1/125s

感光度：ISO400　曝光补偿：+0.7EV

作品赏析

赛龙舟时会放响鞭炮为队伍加油助威，这一瞬间大家的表情有很大差异，使用测光表进行测量拍摄数据，然后在鞭炮点着的瞬间抓拍各种人物的表情。

光圈：f/8　快门速度：1/250s

感光度：ISO100　曝光补偿：+0.3EV

作品赏析

作品赏析

采用俯视角度拍摄冰天雪地中的长城，没有过多的明暗光影变化，但是通过白色的雪和棕色的长城，可以分辨出长城的走向和烽火台的位置，画面中大面积的白色使得画面分外空灵。

光圈：f/16　快门速度：1/30s　感光度：ISO100　曝光补偿：+0.7EV

作品赏析

在拍摄对象后方放置一盏闪光灯，加上暖色滤纸，为拍摄对象勾出一道暖黄色的轮廓，在冷调的画面中格外突出，仰视角度拍摄，以大面积的天空作为背景，用人物挡住了后面杂乱的背景。

光圈：f/24　快门速度：1/160s　感光度：ISO100　曝光补偿：+0

作品赏析

光圈：f/3.5 快门速度：1/800s 感光度：ISO200 曝光补偿：+0.3EV

深色的背景往往能够更加突出浅色的拍摄对象，画面中的女孩拥有白皙的肤色和黄色的头发，色调较为明亮，安排在画面中的深色背景中，得到很好的突出。

作品赏析

使用10mm焦段拍摄广阔草原，近处在吃草的马匹在大广角的透视下身躯的弯曲度加大，低视角画面中对半展现天空和地面，使用偏振镜后天空的蓝色得到加强，云朵更加鲜明。

光圈：f/30 快门速度：1/400s 感光度：ISO200 曝光补偿：+0

作品赏析

夕阳照着黄墙根，一排排的鸟笼很有趣味性，仰视拍摄突出了墙的高度，加强高墙与小鸟笼的对比，也使画面的趣味性更为浓郁，木质的鸟笼和红色的墙在夕阳照射下色调统一，画面柔和。

光圈：f/11　快门速度：1/1000s　感光度：ISO100　曝光补偿：+0

作品赏析

光圈：f/11 快门速度：1/600s 感光度：ISO200 曝光补偿：+0.7EV

拍摄落满雪花的水面，积雪像是一朵一朵的蘑菇，在光影照射下格外美丽。

动物是人类的朋友，家中的小宠物更是家庭里的一员，它们的可爱表现一点也不亚于孩子，画面中的狗狗在被窝中睡得憨态可掬，使用85mm定焦镜头拍摄，符合正常人眼的视角。

作品赏析

光圈：f/5.6　快门速度：1/1 000s
感光度：ISO100　曝光补偿：+0

旅游纪念照的拍摄是日常接触较多的拍摄题材，几乎每个人都会遇到，旅游胜地的街道景物繁杂，适合使用大光圈虚化周围的环境，这样才能得到清晰突出的拍摄主体。

作品赏析

光圈：f/2.8　快门速度：1/400s
感光度：ISO100　曝光补偿：+0.3EV

作品赏析

光圈：f/16　快门速度：1/100s　感光度：ISO800　曝光补偿：+0

浓郁的传统古街道中店铺林立，长长的巷子没有尽头，使用竖画幅拍摄，加强画面中景物的透视感。

作品赏析

采用广角镜头低角度仰视拍摄灯火通明的建筑和飘满云朵的天空，黄、蓝色彩的对比加大画面的视觉冲击力。

光圈：f/32　快门速度：2s　感光度：ISO100　曝光补偿：+0

UNI
QLO

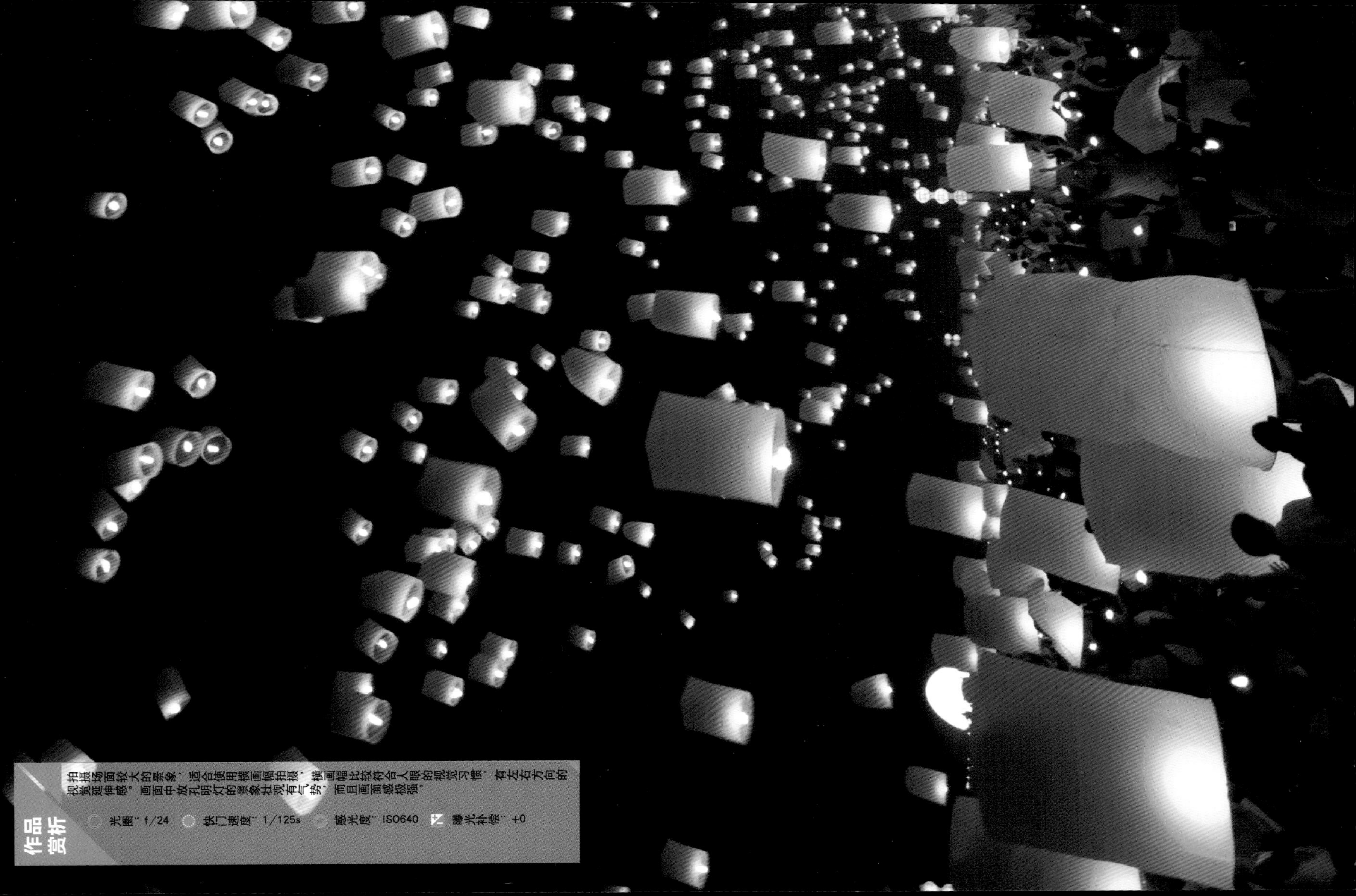

作品赏析

拍摄场面较大的景象，适合使用横画幅拍摄，横画幅比较符合人眼的视觉习惯，有左右方向的视觉延伸感。画面中放孔明灯的景象壮观有气势，而且画面感极强。

光圈：f/24　快门速度：1/125s　感光度：ISO640　曝光补偿：+0

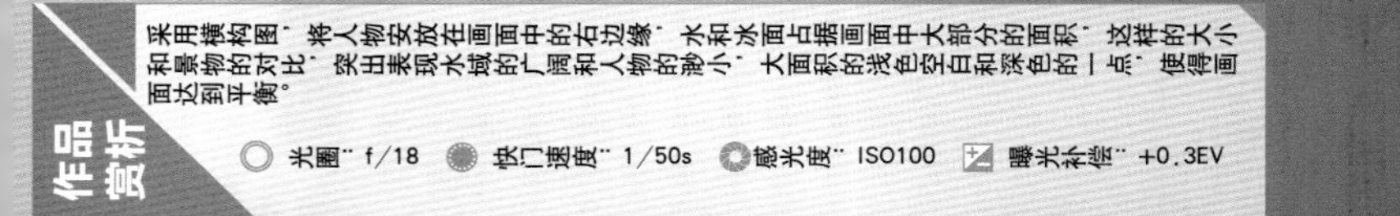

作品赏析

采用横构图，将人物安放在画面中的右边缘，水和冰面占据画面中大部分的面积，这样的大小和景物的对比，突出表现水域的广阔和人物的渺小，大面积的浅色空白和深色的一点，使得画面达到平衡。

光圈：f/18 快门速度：1/50s 感光度：ISO100 曝光补偿：+0.3EV

作品赏析

山脚下的梯田倒映着天空中的火烧云，呈现出红色和黄色，被梯田分割成一块一块的。

光圈：f/18 快门速度：1/250s 感光度：ISO100 曝光补偿：+0

佳能EOS

雕光摄影 编著

5D Mark III 数码单反摄影从入门到精通

辽宁科学技术出版社
LIAONING SCIENCE AND TECHNOLOGY PUBLISHING HOUSE

图书在版编目（CIP）数据

佳能EOS 5D Mark Ⅲ数码单反摄影从入门到精通 / 雕光摄影编著. 沈阳：辽宁科学技术出版社，2013.11
ISBN 978-7-5381-8266-8

Ⅰ. ①佳… Ⅱ ①雕… Ⅲ. ①数字照相机—单镜头反光照相机—摄影技术 Ⅳ. ①TB86 ②J41

中国版本图书馆CIP数据核字(2013)第217170号

出版发行：辽宁科学技术出版社
（地址：沈阳市和平区十一纬路29号　邮编：110003）
印 刷 者：辽宁美术印刷厂
经 销 者：各地新华书店
幅面尺寸：170mm×240mm
印　　张：18
字　　数：200千字
印　　数：1～4000
出版时间：2013年11月第 1 版
印刷时间：2013年11月第 1 次印刷
责任编辑：于天文
封面设计：数码创意
责任校对：刘　庶

书　　号：ISBN 978-7-5381-8266-8
定　　价：78.00元

联系电话：024-23284740
邮购热线：024-23284502
E-mail:mozi4888@126.com
http://www.lnkj.com.cn

佳能

EOS 5D Mark III

数码单反摄影从入门到精通

前言

通过物体所反射的光线使感光介质曝光的过程是摄影，也叫照相，这是技术层面对摄影的理解；对于消逝瞬间的记录，也是拍摄者展现内心情感、表达思想的实现手法，这是从艺术层面对摄影的解释。

事物的发展都有一个由简单到复杂、由表及里的过程，《佳能EOS 5D Mark III数码单反摄影从入门到精通》就是为满足使用者从了解相机到拍摄精美照片的要求而出现的。

全书共有8个章节，从全面详解佳能EOS 5D Mark III相机到对于5D Mark III拍摄技术的介绍，让读者学会使用佳能EOS 5D Mark III相机；又从画面的构图安排、摄影高手的相机设置、摄影实拍技法进行全面剖析，快速提高摄影水平；对高清摄像和镜头及配件的选购的介绍，加强对摄影知识的扩展；最后还对时下流行的后期图片处理作了介绍和实例讲解，让读者对照片可以进行后期处理，使得照片更加出色。

参加本书编写的包括：李倪、汪洋、汪美玲、何玲、杨留斌、丁海关、马丽、吴羡、安小琴、何佳、汪起来、张爽、易娟、杨威、李红、樊媛超、赵丹华、杨景云、戴珍、范志芳、刘海玉、李影、罗树梅、周梦颖、赵静宇、费晓蓉、钟叶青、王萍、赵琴、周文卿、陈诚、沈奇文等。由于作者水平有限，时间仓促，书中难免有疏漏之处，恳请广大读者朋友给予批评指正。若读者有技术或其他问题可通过邮箱xzhd2008@sina.com和我们联系。

佳能

EOS 5D Mark III

数码单反摄影从入门到精通

目录

01 详解佳能EOS 5D Mark III

1.1 佳能EOS 5D Mark Ⅲ快速上手............2

1.2 相机菜单及功能设定............8

02 佳能EOS 5D Mark III 拍摄技术

2.1 光圈的使用............12

2.2 快门的使用............16

2.3 感光度的设置............20

什么是感光度............20

感光度对画面的影响............21

快门速度和感光度的关系............22

2.4 白平衡的设置............22

色温............22

白平衡............23

2.5 关于测光模式............24

测光原理............24

测光模式............25

2.6 曝光补偿的使用............29

2.7 巧用包围曝光............32

自动包围曝光............32

白平衡包围曝光............34

2.8 选择对焦方式和对焦模式............35

对焦方式............35

对焦模式............37

2.9 利用直方图查看曝光............38

03 巧妙安排画面构图

3.1 摄影构图的概念和目的............42

3.2 重点突出主体............43

3.3 主体与陪体一起构造画面情节............47

3.4 空白：创造画面意境............48

画幅的选择与裁切构图............49

3.5 常用的构图技巧............52

三分法构图............52

九宫格构图法............54

稳定感强的三角形构图............54

动感十足的S形构图和C形构图............57

对角线构图............58

汇聚线构图............60

中央构图............61

曲线构图............62

横线构图与竖线构图............63

增加临场感的框景式构图............65

封闭式构图与开放式构图............67

3.6 减法的实现——突出主体元素三把剑............68

景深减法............68

广角夸张减法............69

阻挡减法............70

3.7 寻找对比元素............71

明暗对比............71

远近大小对比............72

色彩对比 …… 73
动静对比 …… 74

04 摄影高手的相机设置

4.1 “自定义功能1”菜单 …… 76
曝光等级增量 …… 76
ISO感光度设置增量 …… 77
包围曝光自动取消 …… 79
包围曝光顺序 …… 79
包围曝光拍摄数量 …… 80
安全偏移 …… 81
4.2 “拍摄2”菜单 …… 82
曝光补偿/AEB …… 82
ISO感光度设置 …… 83
自动亮度优化 …… 85
自定义白平衡 …… 86
自定义白平衡、白平衡偏移/包围 …… 87
4.3 “拍摄3”菜单的设置 …… 90
照片风格 …… 90
长时间曝光降噪功能 …… 98
高ISO感光度降噪功能 …… 99
4.4 多元化的曝光模式 …… 102

05 佳能EOS 5D Mark III 摄影实拍技法

5.1 风光摄影 …… 108
日出日落的拍摄技巧 …… 108
山景拍摄技巧 …… 110
海景拍摄技巧 …… 113
森林的拍摄技巧 …… 115
红叶的拍摄 …… 118
湖泊与倒影的拍摄 …… 119
雪景的拍摄技巧 …… 121
四季风光特色——绿意盎然的春天 …… 123
四季风光特色——枝繁叶茂的夏天 …… 124
四季风光特色——秋高气爽的秋天 …… 125
四季风光特色——白雪皑皑的冬天 …… 127
5.2 人像摄影 …… 128
美女人像的拍摄 …… 128
儿童人像的拍摄 …… 139
老人像的拍摄 …… 142
运动人像的拍摄 …… 144
5.3 建筑摄影的拍摄技巧 …… 147
仰拍 …… 147
俯拍 …… 147
发现建筑的结构美 …… 149
选择拍摄时间 …… 150
5.4 城市灯光与夜景的拍摄技巧 …… 151
夜景的曝光 …… 151
流光溢彩的车灯 …… 152
拍摄烟花 …… 152
5.5 花卉摄影 …… 153
利用不同镜头拍花卉 …… 154
充分利用光比 …… 155
5.6 宠物摄影 …… 157
拍摄宠物的什么 …… 158
让宠物动起来 …… 159
5.7 城市街头摄影 …… 161
拍摄市井人像 …… 161
拍摄有特色的建筑 …… 163
拍摄橱窗或者店铺的商品 …… 166
5.8 展场摄影 …… 167

06 佳能EOS 5D Mark III的高清摄像功能

6.1 短片拍摄前的准备工作 …… 170
设置短片记录尺寸 …… 170
几台相机同时拍摄时的时间码设置 …… 172
设置同步录音功能 …… 172
手动设置录音音量，避免音量忽高忽低 …… 173
避免短片拍摄时录入操控相机的声音 …… 173
6.2 自动曝光拍摄短片 …… 174
6.3 机内短片剪辑功能 …… 175
6.4 使用电视机观看拍摄的高清短片 …… 175
6.5 设置视频制式 …… 176

07 佳能EOS 5D Mark III镜头与附件的选择

7.1 佳能镜头的名称解读 178

7.2 佳能镜头的种类 179

变焦镜头 179

定焦镜头 180

广角镜头 181

长焦镜头 182

微距镜头 183

7.3 镜头的焦距 184

7.4 顶级广角变焦镜头大三元之一：EF16~35mm f/2.8 L II USM 186

7.5 顶级标准变焦镜头大三元之二：EF24~70mm f/2.8 L USM
EF24~70mm f/2.8 L II USM 188

7.6 顶级中长焦变焦镜头大三元之三: EF70~200mm f/2.8 L IS II USM 190

7.7 经济型广角变焦镜头小三元之一: EF17~40mm f/4 L USM 192

7.8 兼顾轻便与画质的多用途镜头小三元之二：EF24~105mm f/4 L IS USM 194

7.9 轻量型中长焦变焦镜头小三元之三: EF70~200mm f/4 L IS USM 196

7.10 轻量型中长焦变焦镜头小三元之三: EF70~300mm f/4~5.6 L IS USM 197

7.11 专业旅行镜头一镜走天下: EF28~300mm f/3.5~5.6 L IS USM 200

7.12 专业人像镜头: EF50mm f/1.4 /EF85mm f/1.2 L II /EF135mm f/2 L USM 202

7.13 高性价比微距镜头: EF100mm f/2.8 Macro USM 207

7.14 L级微距镜头: EF100mm f/2.8 L Macro IS USM 209

7.15 佳能EOS 5D Mark Ⅲ附件选择与详解 211

镜头遮光罩的选购 211

附加镜的选购 213

存储卡的种类 217

读卡器的选购 218

配置外置闪光灯 219

相机脚架的选购 221

佳能EOS 5D Mark Ⅲ摄影包的选择 222

其他附件的选购 223

08 图片后期处理

8.1 在Photoshop中调整色彩平衡......228
8.2 在Photoshop中调整画面亮度......229
8.3 在Photoshop中调整画面对比度......230
8.4 利用“色阶”命令美白肤色......231
8.5 利用“修复”画笔去除痘痘......233
8.6 常用滤镜的介绍......235
8.7 修正高层建筑的透视效果......237
8.8 照片曝光不足时的处理办法......239
8.9 处理曝光过度的照片......240
8.10 通过裁切照片突出主体......242
8.11 对照片进行重新构图......243
8.12 校正倾斜的照片......245
8.13 制作怀旧效果的黑白照片......246
8.14 加深画面中天空的蓝色......248
8.15 更改手提包的颜色......250
8.16 制作鱼眼镜头的效果......251
8.17 给照片添加镜头光晕......253
8.18 制作灯光的闪烁效果......254
8.19 制作位移效果......255
8.20 制作倒影效果......256
8.21 缩放效果的制作......258
8.22 Photoshop的液化整形术......259

佳能

EOS 5D Mark III

数码单反摄影从入门到精通

01

详解佳能EOS 5D Mark III

佳能EOS 5D Mark Ⅲ 快速上手

相机菜单及功能设定

1.1 佳能EOS 5D Mark Ⅲ 快速上手

① 自拍指示灯

在使用自拍功能时闪烁，提示拍摄前的倒计时。

② 快门按钮

位于手柄顶端的斜面上，全按下就能够得到一张照片，半按快门的时候将锁定曝光和对焦。

③ 遥控感应器

用于检测遥控器的不可见闪光。

④ 反光镜

能够将光线向上反射到光学取景器，允许一部分光线向下投射到自动对焦感应器上。

⑤ 景深预览按钮

位于镜头卡口旁，可以缩小镜头的光圈，便于在取景器中观察图像的清晰范围，随着光圈的减小，图像也会变暗。

⑥ 手柄（电池仓）

能够舒适地手持相机全靠它，并且装有电池。

⑦ 镜头卡口

连接相机与数码光学镜头。

⑧ 触点

这里的触点指的是电子触点，它们与镜头上对应的触点相接触，使相机和镜头能够进行信号传输。

⑨ 镜头固定销

安装及固定数码光学镜头。

⑩ 镜头释放按钮

按下该按钮将解锁数码镜头，这样即可旋转镜头，完成更换镜头或卸下镜头的操作。

⑪ 麦克风

用于录制单声道的声音。

⑫ 镜头安装标志

在安装镜头时起到辅助的作用，将镜头上的红色标志与机体的红点对准，旋转镜头，即可完成安装镜头的操作。

❶ 取景器目镜

通过观察取景器，可以在拍摄照片时进行构图。

❷ 眼罩

取景器四周是一个柔软的橡胶框，当摄影者的眼睛紧紧压在取景器时，可以挡住外面的光线，如果摄影者戴着眼镜，还可以防止划伤镜片。

❸ INFO.信息按钮

按下此按钮，能够在液晶屏上显示电子水准仪、功能介绍或切换不同的信息显示。

❹ 菜单按钮

进入或退出EOS 5D Mark III 背面液晶监视器上的菜单。在操作子菜单时，还可以使用这个按钮退出子菜单，返回到主菜单。

❺ 创意图像/对比回放（两张图像显示)/直接打印按钮

切换照片风格、选择HDR模式、选择多重曝光模式、在液晶屏上同时显示两张图片进行对比或对图像进行打印的操作。

❻ RATE评分按钮

可以用五个评分标记来为图像或短片评分，配合其他功能按钮可以完成图像复制的操作。

❼ 索引/放大/缩小按钮

可以在液晶屏上同时显示出4幅或9幅图像；可以在液晶显示器上将拍摄的图像放大1.5~10倍。

❽ 图像回放按钮

显示最后拍摄的图像，并通过旋转速控转盘显示前一张或后一张图像。要退出回放模式的时候需要再次按下此按钮。按下快门的时候，相机也会自动退出回放。

❾ 删除按钮

删除按钮的外观印有一个垃圾桶图标，非常直观地显示出了它的功能。在回放图像的时候，如果有不需要的或不满意的图像需要删除时，请按下此按钮。

⑩ 扬声器

发出5D Mark III所有功能的提示音以及短片音频。

⑪ 光线感应器

在调整液晶显示器的时候，请不要用手指或其他东西挡住这个圆形的外部光线感应器。

⑫ 液晶监视器

这块液晶监视器拥有惊人的104万像素，用于查看影像和浏览菜单。当使用它查看图像的时候，会发现它能够完美地呈现出所拍摄图像的所有细节，高分辨使你能够很好地检查图像的对焦、颗粒及锐度。

⑬ 多功能锁开关

将此按钮的开关置于右侧时，可以防止出现主拨盘、速控转盘和多功能控制钮移动或改变设置的情况。

⑭ 数据处理指示灯

数据处理指示灯亮起或闪烁时，表示图像正在写入存储卡或正在从存储卡中读取，或者正在删除图像或正在传输数据。在此期间请勿打开存储卡卡槽，不要取出存储卡、电池，不要摇晃或撞击相机，以免损坏图像。

⑮ 速控转盘

用于选择拍摄选项，如光圈值或曝光补偿值，也可以用来浏览菜单，还可以作为辅助控制器，调整由其他控件设置的某些功能。

⑯ 设置按钮

在使用菜单的时候，确定某项操作时需要按下SET按钮。

⑰ 触摸盘

在拍摄短片时，使用触摸盘可以安静地对相机的快门、光圈、ISO感光度、曝光补偿、录音电平和耳机音量进行调节，保证短片中尽可能不出现过多杂音。

⑱ 速控按钮

能够直接选择和设定显示在液晶监视器上的拍摄功能，在场景智能自动（A+）模式下，可以只选择或设定记录功能、存储卡、图像记录画质和驱动模式。

⑲ 多功能控制钮

多功能控制钮包含了8个方向键和中间的一个按钮，能够选择自动对焦点，校正白平衡，在实时显示拍摄期间自动对焦点或放大框，在回放时滚动放大图像，操作速控屏幕，只在垂直和水平方向工作。

⑳ 自动对焦点选择按钮

佳能5D Mark III设有61个自动对焦点用于自动对焦，可以根据不同的场景或被摄体来选择适合的对焦点。

㉑ 自动曝光锁定按钮

当对焦区域不同于曝光测光区域或需要使用相同的曝光设置拍摄多张照片时，需要使用自动曝光锁按钮。

㉒ 自动对焦启动按钮

在P、Tv、Av、M、B模式下，按下此按钮将执行与半按快门按钮时相同的操作，启用实时显示拍摄时可使用此按钮来进行对焦。

㉓ 开始/停止按钮

选择实时显示拍摄或短片拍摄的时候，按下此按钮选择开/关。

㉔ 实时显示拍摄/短片拍摄选择开关

此按钮的上方有两个小图标，红色的代表了短片拍摄功能，白色的代表了实时显示拍摄功能，拨动按钮选择需要的拍摄模式。

❶ 闪光同步触点

这个触点的作用在于能够使外接闪光灯与相机连接并且正常工作，在相机与闪光灯之间交换曝光参数、变焦设置、白平衡信息等数据。

❷ 热靴

它的全称为“闪光灯热靴”，主要的功能在于插入并固定外接闪光。

❸ 电源开关

这是相机的主开关，操控杆拨向OFF时，相机关闭无法执行任何操作；操控杆拨向ON，相机开启，正常工作。

❹ 背带环

相机拥有两个背带环，用来安装佳能公司配送的相机背带。

❺ 模式转盘

这个模式转盘上涵盖了9种不同的拍摄模式，分别为B挡拍摄模式、M挡全手动模式、Av挡光圈优先模式、Tv挡快门优先模式、P挡全自动模式、A+场景智能自动模式，以及三挡自定义拍摄模式。有关这些内容会在后面的章节中详细叙述。

❻ 模式转盘锁释放按钮

该按钮是5D系列第一次使用到的。我们常常会在拍摄过程中不小心触碰到模式转盘导致相机设置的更改，而该按钮恰好非常有效地避免了这一情况的发生，除非按下它，否则模式转盘和相机开关是无法拨动的。

❼ 测光模式选择/白平衡选择按钮

它有两项功能，按下按钮旋转主拨盘能够在评价测光、局部测光点测光以及重点平均测光之间切换；旋转速控转盘则会在自动、日光、阴影、阴天、钨丝灯、白色荧光灯、双光灯、用户自定义和色温之间转换。

❽ 自动对焦模式选择/驱动模式选择按钮

按下此键旋转主拨盘将会在单次自动对焦、人工智能自动对焦和人工智能伺服自动对焦之间循环选择。这里的驱动模式包含了单拍、高速连拍（6张/s）、低速连拍、静音单拍、静音连拍、10s自拍/遥控、2s自拍/遥控之间的切换，选择方法是按下按钮之后旋转速控转盘。

❾ 自动对焦区域选择模式/多功能按钮

它能够辅助选择自动对焦区域模式，在使用外接闪光灯时，瞄准取景器中央覆盖的被摄体按下此按钮拍摄照片，可以得到比较精准的闪光曝光。

❿ 主拨盘

该拨盘用来更改诸多拍摄设置。当需要更改的设置成对地出现在一个功能按键上时，主拨盘用来更改其中的一项；在回放的时候，可以在指定的图像数量内，在已拍摄的图像中间跳转；按下菜单之后还可以在设置页之间移动。

⑪ 液晶显示屏照明按钮

按下该按钮将开启琥珀色的照明灯，照亮液晶屏的时间为6s；在照明灯开启的情况下，按下此按钮将关闭照明灯；如果正在使用模式转盘或其他拍摄控件时，6s之后照明灯仍保持点亮状态。

⑫ 液晶显示屏

这块液晶显示屏能够提供相机状态及相机设置的各种信息参数，包括曝光模式、剩余可拍摄数量、电池状态等。关于这部分内容在后面会详解。

⑬ ISO感光度设置/闪光曝光补偿按钮

按下此按钮之后旋转主拨盘能够更改感光度的设置，旋转速控拨盘会更改闪光曝光补偿值。

⑭ 屈光度调节按钮

旋转此按钮，可以根据自己的视力情况，进行屈光度校正。

顶板上3个控制按钮的功能		
按 钮	旋转主拨盘	旋转速控转盘
测光模式选择/白平衡选择按钮	平均测光、局部测光、点测光、中央重点平均测光	自动、日光、阴影、阴天、钨丝灯、白色荧光灯、闪光灯、用户自定义、色温
自动对焦模式选择/驱动模式选择按钮	单次自动对焦、人工智能自动对焦、人工智能伺服自动对焦	单拍、高速连拍、低速连拍、静音单拍、静音连拍、10s自拍/遥控、2s自拍/遥控
ISO感光度设置/闪光曝光补偿按钮	自动ISO感光度、ISO100-6400、L（ISO50)-H1 （51200）范围内设定下限、ISO100-H2（102400）范围内设定上限	闪光曝光补偿（可正、负补偿，最高2级）

① 三脚架接孔

三脚架接孔是用来连接相机与三脚架的。

② 电池仓盖

打开电池仓盖即可取出或者安装电池。

③ 存储卡插槽盖/卡槽

打开存储卡插槽盖即可将存储卡从卡槽中取出或插入。

❹ 电焦平面标记

若要测定拍摄对象和照相机之间的距离，可以通过照相机机身的焦平面标记来测量。

❺ 电池仓盖释放杆

如箭头所示方向滑动释放杆并打开仓盖，即可安装或者拆下电池。

❶ 端子盖

这两块橡皮盖的后面有佳能EOS 5D Mark III相机的6个不同的端子。

❷ 外接麦克风输入端子

这个端子是用来连接外接立体声麦克风的，这个外接麦克风需要带有3.5mm的微型插头，可以录制立体声声音。当连接了外接麦克风时，将自动切换为通过外接麦克风录音。

❸ PC端子

用于连接非专用电子闪光灯的端子。如果在影棚拍摄，它被用于连接影室闪光灯来使用。

❹ 遥控端子（N3型）

这个端子的作用在于连接各种佳能遥控释放开关、定时器和无线控制器。

❺ 耳机端子

该端子旁边有一个耳机的图标，插入带有3.5mm微型插头的立体声耳机，能够连接相机的耳机端子，可以在短片拍摄期间收听声音，还可以在短片回放期间收听声音。如果使用的是外接立体声耳机，可以收听立体声。

❻ 音频/视频输出/数字端子

使用相机配套的USB数据线连接计算机，能够完成图像或短片的输出；插入兼容Pictbridge的打印机，即可输出硬拷贝，打印图像。需要注意的是，图像的传输或打印要在相机保持开机状态下才能完成。

❼ HDMI mini输出端子

要想使用这个端子，就需要另外购买一条数据传输线，才能够把EOS 5D Mark III相机连接到高清电视上，因为适合该端口的电缆并没有随机一起提供。当然，如果拥有一台高清电视，那么就很值得花些钱观看相机中的精美图片。

1.2 相机菜单及功能设定

日期菜单设置

这项功能就是为相机来设置时间、日期以及所在的区域的。尤其是在当你出游的时候，一定要将相机的这些基本设置调整正确。

设置完成后，相机将会把时间嵌入拍摄的图像中。由于许多图像管理软件都使用拍摄日期作为排序、检索的依据，因此本项设置虽然看似简单但事实上是很重要的——特别是当你在出国旅行并且跨越时区的情况下，就必须要再次重新设定正确的时间、日期以及所在地。

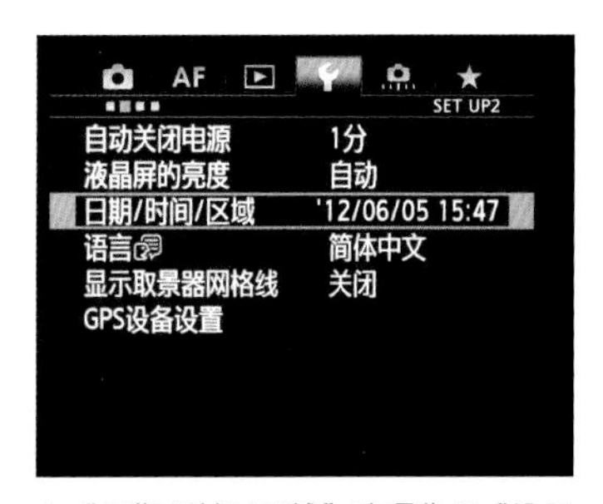

▲“日期/时间/区域”选项位于“设置2”菜单下第3位，按下SET按钮进入菜单设置页面，使用速控转盘操作

▲将时间、日期、区域三项调整为正确的数值，使用速控转盘转动操作。“确定”为确认修改结果，不更改为“取消”

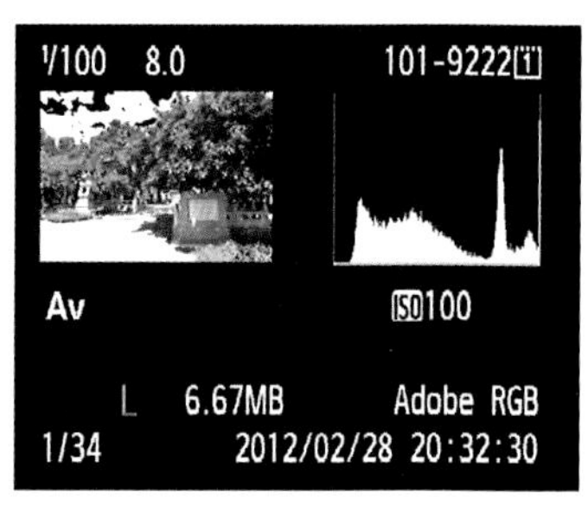

▲照片下方就会出现拍摄照片的具体时间和日期了

如果是在电脑上查看图像，选中图片点击右键，选择“属性”来查看具体的拍摄信息，将会显示出拍摄照片的日期、时间、区域和机型等

设置照片存储格式（设定画质）

佳能EOS 5D Mark III在画质选择的术语上，也有别于此前的EOS其他型号的相机。相信佳能的老用户都知道，在菜单设置中，RAW的格式有3种，分别为RAW、sRAW1、sRAW2，而自从佳能推出EOS 7D开始，就将这3种模式的术语作了调整，将它们分别改为RAW、mRAW、sRAW，EOS 5D Mark III也从7D的身上将这个特点延续了下去，并且佳能公司之后可能都会用这种名称来为其相机的设置菜单命名。所以忘掉RAW、sRAW1、sRAW2这3个名称吧，以后用的机会会越来越少。

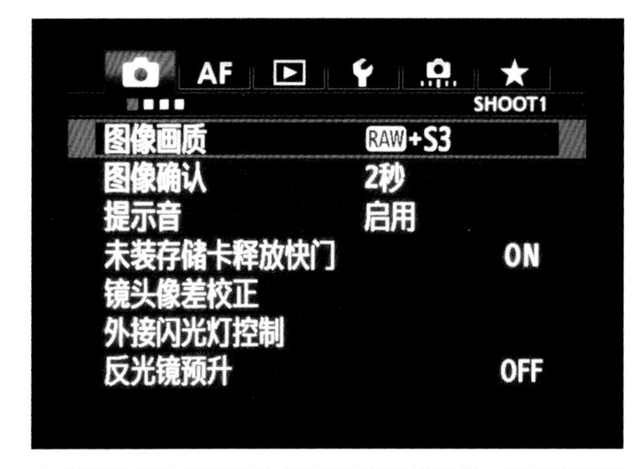

▲“图像画质”选项位于“设置”菜单下第1位，按下SET按钮进入菜单设置页面，使用速控转盘操作

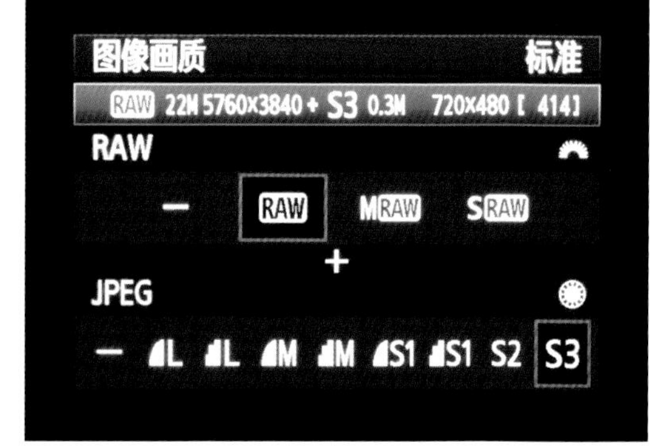

▲画质的选择较多，可以根据拍摄的需要进行选择

自动关闭电源

“自动关闭电源”功能为了节约电能，保持不操作相机达到设定的时间之后就会自动关机，电源自动关闭之后，可以按下快门按钮或其他按钮就能重新开启相机。

如果不希望相机自动关闭电源，将此选项设置为“关闭”即可。

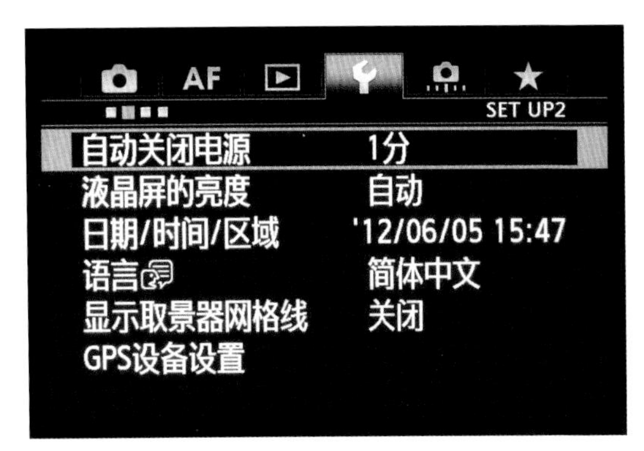

▲“自动关闭电源”功能在“设置2”菜单下第1位，按下SET按钮进入菜单设置页面，使用速控转盘就能操作

▲“自动关闭电源”下有7个选项，可根据自身的需要来控制自动关闭的时间或者不使用此项功能

即使选择的是“关闭”，30min后相机液晶显示器也会自动关闭以节省电能，但是电源不会关闭

设置照片风格

在自定义佳能EOS 5D Mark III相机渲染照片的方式时，“照片风格”是很重要的工具之一。“照片风格”是属于微调工具，通过对照片应用特定的照片风格设置，可以改变所拍摄图像的部分特征。就全彩色图像而言，可以指定的参数包括锐度、对比度、饱和度和肤色的色调。对于黑白图像来说，可以调整锐度和对比度，但两种颜色调整已被替换成对滤镜效果和色调效果（褐、蓝、紫、绿）的控制。

佳能EOS 5D Mark III相机有6种预设的彩色照片风格，即“自动”、“标准”、“人像”、“风光”、“中性”以及“可靠设置”；有3种用户定义的设置，分别名为“用户定义1”、“用户定义2”、“用户定义3”。用户可以设定这3种风格，使其适用于所需的拍摄情景。此外，还有一种“单色”照片风格，可用于调整滤镜效果，或者给黑白图像添加色调。

▲在这个可滚动的菜单上包括9种不同的照片风格，图中显示了前6项，后面还有3项没有显示

设置屈光度调节

视力不好的人在拍照时可以尝试在取景器中进行微小的光学矫正，当然，如果佩戴眼镜或隐形眼镜也是个不错的选择，如果希望摘掉眼镜后继续使用5D Mark III拍照，即可利用相机内置的屈光度调节功能，在-3~+1的范围内进行调节。半按快门释放按钮，取景器中的指示将亮起，然后拨动取景器调节旋钮，同时要通过取景器来进行观察，直到取景器中的指示变得清晰为止。

如果可用的校正值达不到预期的效果，也可以选择佳能公司生产的E系列屈光度调节透镜，这款校正透镜有18个选项，可以满足不同人对于屈光度的需求。

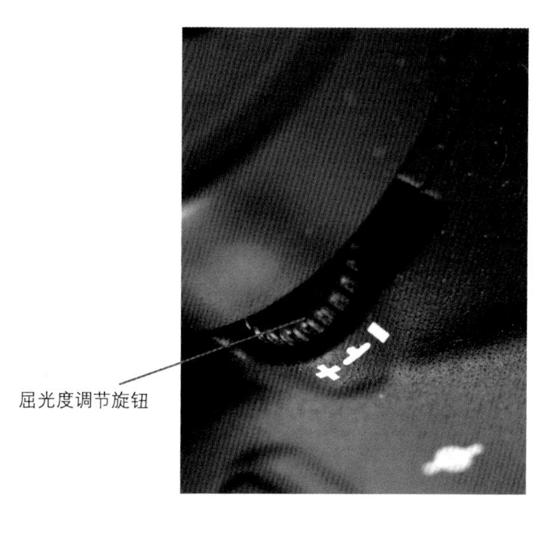

屈光度调节旋钮

格式化存储卡

格式化能够清除存储卡上所有数据，空出使用空间。

格式化功能可以一次性将存储卡上的数据完全清空，以便准备接下来的拍摄工作。刚买来的新存储卡或原本用于其他相机或电脑的存储卡，都请在进行过格式化功能之后再开始拍摄。

此外，需要特别注意的是，一旦选择格式化存储卡，存储卡里所有的数据都将被删除。因此，务必要先确认复制重要的照片之后，再进行格式化处理。

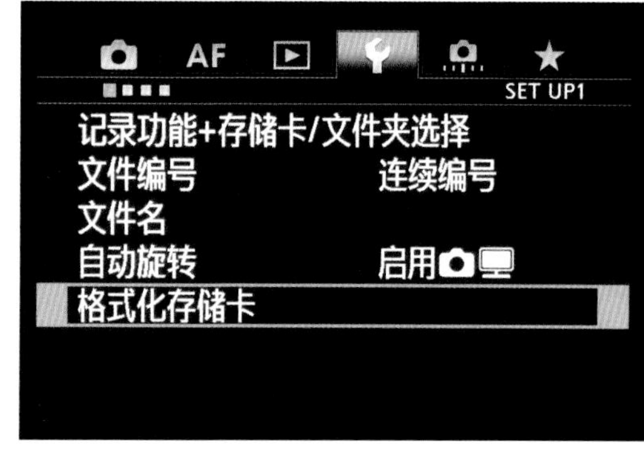

▲“格式化存储卡”功能位于“设置1”菜单下第5位，使用速控转盘操作，按下SET按钮进入设置页面，选择“确定”即清除存储卡中所有文件

格式化没那么简单

（1）不要一卡多用。由于存储卡能够与读卡器配合变成U盘，部分使用者会在相机、电脑甚至手机上轮换存取，这样很容易让相机误以为存储卡错误（无法读取），进而出现要求格式化后才能拍摄的信息。

（2）避免在电脑上进行格式化。这很容易让文件系统格式不同而产生兼容性的问题，所以存储卡在连接PC或Mac后，请用复制命令将文件复制到电脑上，而不要使用剪切、删除等命令来删除或格式化存储卡。

（3）一旦格式化后发现文件被误删，请立即取出该存储卡（勿再使用），然后利用市面上免费或付费的数据恢复软件来找回文件。

02

佳能EOS 5D Mark III拍摄技术

光圈的使用
快门的使用
感光度的设置
白平衡的设置
关于测光模式
曝光补偿的使用
巧用包围曝光
选择对焦方式和对焦模式
利用直方图查看曝光

一般人认为摄影无非就是把相机放到眼前，对准物体按快门就可以了，然而这样做只是一种简单的记录形式，你得到的将会是一张死板无趣的图片，根本谈不上什么创作。真正的摄影师使用数码单反相机进行拍摄时，若想达到想拍摄的效果，就需要在拍摄过程中，充分利用数码单反相机的各项参数设置，掌握了这些，才可以在自己的创作过程中游刃有余。面对复杂的拍摄环境，可以迅速整理出自己想要的图片效果，并且对数码单反相机的白平衡、感光度、景深大小等多项参数内容进行设置，将这些参数有效地综合在一起，才可以实现自己的创作意图。

2.1 光圈的使用

光圈是决定数码单反相机的曝光要素之一。光圈控制外部光线进入相机的进光量，进光量的多少决定曝光是不是合适。

光圈的工作原理

光圈是由几片特殊形状的薄金属页片组成，是一种圆形的中间可以通过光线的机械装置，通过控制光圈自身的开合来控制镜头的进光量，并完成曝光。

▲光圈的工作原理

曝光过度的照片

光圈：f/5.6　快门速度：1/1250s　感光度：ISO100
曝光补偿：+0

曝光不足的照片

光圈：f/8　快门速度：1/125s　感光度：ISO100
曝光补偿：+0

光圈的大小与应用

f值代表光圈的大小。完整的光圈值系数如下：f1、f1.4、f2、f2.8、f4、f5.6、f8、f11、f16、f22、f32、f45、f64。光圈的 f 值越小，就表明在同一单位时间内进入相机的光线越多，而上一级光圈的进光量正好是下一级的一倍。也就是说f1的进光量是f1.4的一倍，f2是f2.8的进光量的一倍，依此类推。在实际拍摄中，快门速度不变的情况下，合适的光圈带来的是正常的曝光，开大光圈，则会带来曝光过度，光圈过小，照片就会曝光不足。

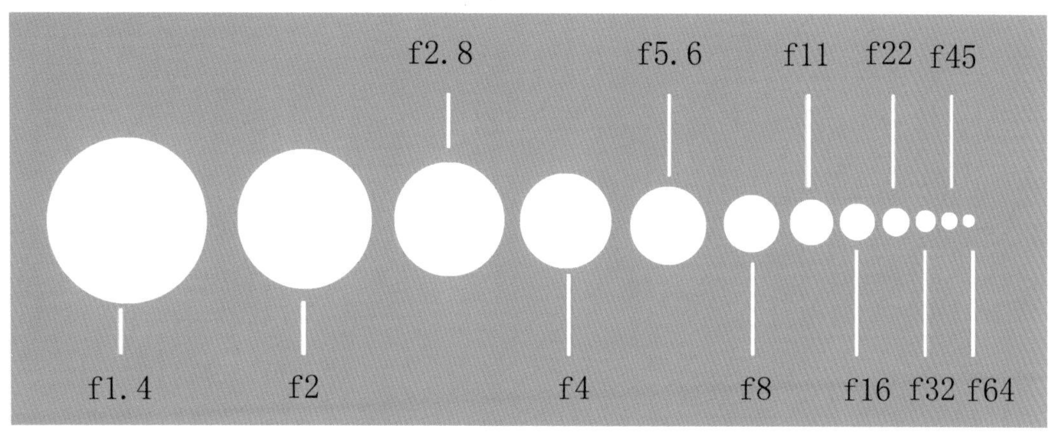

▲常见光圈值

f1	f1.4	f2	f2.8	f4	f5.6	f8	f11	f16	f22	f32
f1.2	f1.8	f2.5	f3.5	f4.5	f6.7	f9.5	f13	f19	f27	

▲上面一行是按整级光圈递进的系数表，下面一行是按半级光圈递进的系数表

光圈和景深的关系

光圈不仅仅影响照片曝光是否准确，而且会对画面的景深产生非常大的影响，大光圈的画面景深要比小光圈的景深浅，所以在使用光圈的时候，一定要综合考虑光圈大小带来的景深问题。

比如说，你要拍摄优美的风景照片，最好使用小一些的光圈，因为小光圈的景深范围比较大，能够记录下风景细节；如果是拍摄人像，就可以使用大光圈，大光圈景深浅，虚化背景很容易突出主体人物。所以一定要记住：大光圈小景深，小光圈大景深。光圈和景深成反比。

大光圈小景深

光圈：f/1.8　快门速度：1/500s　感光度：ISO200
曝光补偿：+0

小光圈大景深

光圈：f/22　快门速度：1/800s
感光度：ISO100　曝光补偿：+0

根据内容选择光圈

在拍摄不同的题材内容时，可以选择不同的光圈来实现拍摄意图，大光圈、浅景深用来突出主体，这种手法比较适合拍摄人像，效果比起小光圈更好一些，因为小光圈的大景深效果会将一些不重要的细节拍摄出来，而且影响人物主体的表现。

人像摄影大光圈效果

光圈：f/2.8 快门速度：1/125s 感光度：ISO100 曝光补偿：+0.3EV

人像摄影小光圈效果

光圈：f/16 快门速度：1/250s 感光度：ISO100
曝光补偿：+0

人像摄影小光圈效果

光圈：f/16 快门速度：1/250s 感光度：ISO100
曝光补偿：+0

风光摄影小光圈效果，画面内容丰富细腻

光圈：f/22 快门速度：1/500s 感光度：ISO100
曝光补偿：+0

如果是拍摄风光，则最好使用较小的光圈，因为小光圈可以给画面一个比较大的景深，可以带给观众一个充满细节、赏心悦目的画面，倘若用大光圈，有可能画面的内容就不如小光圈的效果好。

大光圈效果比较适合特写类的风光拍摄

光圈：f/8 快门速度：1/100s 感光度：ISO100
曝光补偿：+0

2.2 快门的使用

快门和光圈一样，也是控制数码单反相机曝光的要素之一，它和光圈配合使用，二者分工合作，组成不同的曝光组合。

什么是快门

快门是使用金属或者其他合成材料制成的，主要是用于控制数码单反相机曝光的机械装置，它由机械或者电子器件控制开启时间。

快门的工作原理

相机的快门主要有两种设计，分别是幕帘式快门和镜间快门，这两种有一些区别，镜间快门又称为镜后快门，整个快门组都集中整合在镜头内部，这种快门一般应用在重大画幅相机上面。数码单反相机一般采用的快门是幕帘式快门，主要由前帘和后帘组成。

摄影师按下快门的时候就会触发它工作，下面是幕帘式快门的工作流程：

①按下快门的同时前帘向下移动，感光元件部分开始接触光线，并开始感光。

②前帘继续向下移动，感光元件的大部分面积感光。

③前帘彻底打开，感光元件完全感光。

④后帘开始工作，向下移动，逐渐遮挡光线通往感光元件。

⑤后帘继续下移，大部分感光元件被遮挡。

⑥后帘幕帘彻底遮挡光线，曝光结束。

注意：也有一些相机的快门幕帘不是横向移动，而是纵走式快门。

▲前帘开始工作

▲前帘继续下移

▲前帘完全打开

▲后帘开始工作

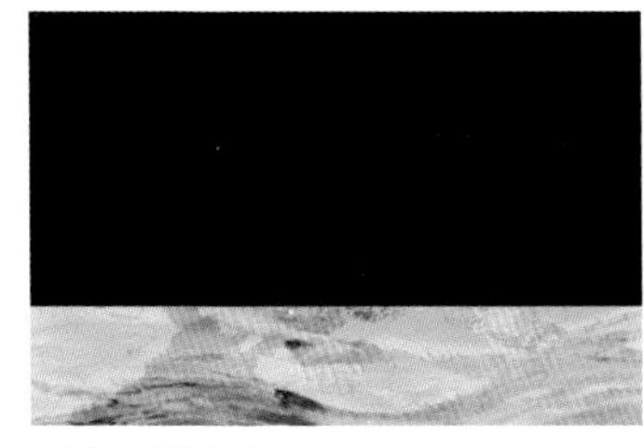
▲后帘继续下移

▲后帘完全闭合

快门速度的表示方式

快门速度用数字表示，数字越大，曝光的时间就越长，比如：1s、8s。当快门时间低于1s的时候，数值越大，就说明曝光时间越短，比如：1/200s、1/500s。

数码单反相机的快门速度范围为30～1/8 000s，其包括有：30、8、4、2、1、1/2、1/4、1/8、1/15、1/30、1/60、1/120、1/250、1/500、1/1 000、1/2 000、1/4 000、1/8 000s。相邻的两挡快门之间大概相差一倍，也就是说相机的进光量和曝光量也差一倍：1/4s是1/8s的一倍进光量。

在不同品牌或不同型号的数码单反相机之间，他们的快门时间在设计上有所不同，有的数码单反相机最短曝光时间是1/8 000s，有的则达不到，但是他们的功能是一样的。

在特殊的环境中拍摄时，在曝光控制上要求比较严格，而常用的相机一般都是以1/2挡的递增或递减来调节曝光量的，现在的大多数数码单反相机生产厂商，在这个方面做了一些调节，将调节的挡位划分得更细致了，比如在15s和8s之间有了10s这个挡位，用户可以根据自己的需求，将递增或递减的挡位调节到1/3，这就使用户可以更加准确地控制自己的曝光。

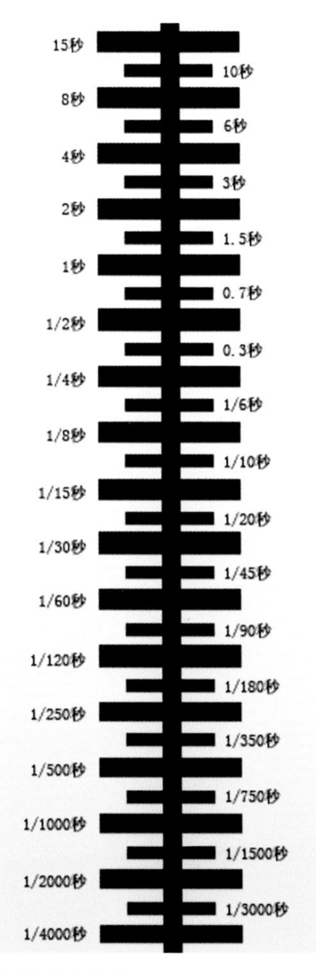

▲常用快门速度

不同的快门速度在表现同一物体的时候有不同的表现方法，使用高速快门迸溅的水花

光圈：f/11　快门速度：1/500s　感光度：ISO100
曝光补偿：+0

较低的快门速度记录下不同感觉的水流，如同丝绸般柔滑

光圈：f/16　快门速度：1/15s　感光度：ISO100
曝光补偿：+0

快门速度的应用

快门速度在使用的时候有两种表现方式，通常来说，在运动场上拍摄的时候，大家都会用比较快的快门速度来捕捉运动员精彩的瞬间，这种主要是用来定格运动物体的瞬间状态。

有些时候，降低快门的拍摄时间，通过这种慢速的快门将被摄对象的运动轨迹记录下来，这也是一种特殊的创作手法，这种照片有强烈的动感，并可以和画面中静止不动的物体形成强烈的对比。

高速快门，定格精彩瞬间

光圈：f/8　快门速度：1/500s　感光度：ISO100
曝光补偿：+0

低速快门，记录下物体的运动轨迹

光圈：f/8　快门速度：1/30s　感光度：ISO100
曝光补偿：+0

安全快门速度

当摄影师手持相机拍摄的时候，通常要考虑这个问题——安全快门速度。由于手持相机时可能产生的手晃动，或者是相机自身的机震，这些因素都有可能造成画面不实。安全快门是指镜头焦距的倒数，比如，拍摄时使用的是80mm镜头，那应该使用的安全快门不能低于1/80s，选择在这个快门值以上的速度才可能避免相机产生影像模糊。

如果说摄影师对画面的质量要求严格，最好还是使用三脚架拍摄。

非安全快门速度造成画面不实

光圈：f/2.8　快门速度：1/15s　感光度：ISO100　曝光补偿：+0

使用安全快门速度影像清晰

光圈：f/2.8　快门速度：1/500s　感光度：ISO100　曝光补偿：+0

2.3 感光度的设置

感光度主要是控制数码单反相机感光元件对光线的感光敏锐度的量化参数。

▲ISO按钮

▶ 什么是感光度

感光度经常用ISO表示，它的出现频率非常高，因为感光度对于画面质量的影响是非常大的，常见的感光度数值有50、100、200、400、800、1 600、3 200等，数值是以倍数递进的。有些相机在感光度设置上划分的会更加的细一些，它们在这种倍增的关系里还进行了以2/3或者1/3挡感光度的设定，比如ISO125、ISO150等。

当感光度增加一挡的时候，数码单反相机内部的感光元件也会相应地提高它对光线的敏感程度，在提高感光度的时候，如果使用的是相同的光圈，那么就意味着曝光时间可以相应地缩短，比如f8的光圈在ISO100的感光度下要使用1/200s的快门速度，那么如果将ISO调节到200的时候，则使用1/400s的快门速度就可以得到正常的曝光。

依据感光度数值的大小可以将其大致划分为四个挡位：

低于ISO100的称为低感光度；ISO100和ISO200之间称为中感光度；ISO400到ISO800之间称为高感光度；ISO1 600以上称为超高感光度。

ISO100拍摄的画面，非常细腻

光圈：f/5.6　快门速度：1/25s　感光度：ISO100
曝光补偿：+0

ISO400拍摄的画面，开始出现轻微的噪点

光圈：f/5.6　快门速度：1/200s　感光度：ISO400
曝光补偿：+0

ISO100低感光度和ISO1600高感光度对比示意

光圈：f/5.6　快门速度：1/640s　感光度：ISO100
曝光补偿：+0

ISO1600拍摄的画面

光圈：f/5.6　快门速度：1/800s　感光度：ISO100
曝光补偿：+0

▶ 感光度对画面的影响

感光度问题，在胶片时代就已经受到广大摄影师的关注，当摄影师们在一些环境较暗，照明条件不理想的环境下，还要手持相机拍摄的时候，他们都会选择在感光度调节上做文章，但是在调节感光度的同时也就意味着摄影师对图片的品质要求做出了让步。

在胶片摄影时代，高感光度拍摄的图片会呈现出较为粗糙的画面，这是由于感光度的提高使得胶片上的银盐颗粒增大，在冲印成像的时候也会体现在相纸上。而数码单反相机的感光元件，在提高感光度的条件下的表现是，信号放大电路将电荷信号放大的同时，也会将干扰信号一起放大，这就是画面产生噪点的原因。

在感光度提高的同时，画面质量的下降不仅仅表现在噪点增多这一方面，同时画面的细节、锐度、色彩饱和度等都会受到影响。

高感光度画面细节欠佳，颗粒粗糙

光圈：f/2.8　快门速度：1/100s
感光度：ISO100　曝光补偿：+0

低感光度画面细节丰富，颗粒细腻

光圈：f/8　快门速度：1/100s　感光度：ISO100　曝光补偿：−0.3EV

▶ 快门速度和感光度的关系

在黑暗的光照环境里拍照，摄影师很难端稳相机，往往会因为快门速度过慢导致手抖，产生画面焦点不实，或画面模糊的现象。此时摄影师可以提高画面的感光度，感光度每提高一挡，快门速度也可以相应提高一挡。

由此可见，同一拍摄环境和场景，在光圈相同的情况下，曝光时间与感光度成反比，感光度越高，所需的快门速度就越短。如果说ISO感光度设置得比较低，要得到正确曝光所需的快门时间就越长。

幽暗的树林里通过提高感光度来弥补快门速度，以保证画面的清晰

光圈：f/5.6　快门速度：1/100s　感光度：ISO800　曝光补偿：+0

2.4 白平衡的设置

在现实社会中，不管什么样的照明灯发出的光线，都有自己的颜色，可我们的眼睛却不能精确地区分出来。如果用数码单反相机拍摄下来，你会发现自己的照片有明显的颜色倾向，这就需要摄影师进行一定的白平衡设置，在设置之前先了解一下色温。

▶ 色温

顾名思义，色温就是色彩的温度，不同的光源发出的光线具有不同的颜色，这个叫色温。色温通常以开尔文为计量单位，表示为：5 400K、10 000K等。在胶片时代，幻灯片摄影师们常常会根据拍摄时的发光灯具采用不同的胶卷，如果是在日光下拍摄需要使用日光型胶片，在使用照明灯拍摄的时候则需要采用灯光型胶片。

各种光源色温表

光源	色温
蜡烛	1 000~2 000K
钨丝灯泡	2 600~3 500K
日光灯	4 000~4 500K
晴朗天气的太阳光	5 100~5 500K
闪光灯	5 500~5 800K
阴天的光线	6 000~6 300K

▲色温偏低的画面

▲色温偏高的画面

▶ 白平衡

数码相机可以自动矫正不同的色温，这点它比起传统的胶片相机有很大的优势，它不用更换胶片类型，也不用增加滤镜来矫正色温。数码单反相机其内部就有矫正白平衡的系统。矫正白平衡的时候有两种方式。一种是自动矫正，自动矫正白平衡可以测量来自被摄体反射光的色温，然后在信号被记录下来前调整成像芯片的红、绿和蓝信号元件，以便使照片看上去正常。

使用自动白平衡拍摄的画面

另外一种是手动白平衡，它允许摄影师自己来设定调节参数，手动调整不但可以矫正画面的白平衡，而且还可以拍摄一些创造性的效果，可以有意使用其他的色温来创造一些不同的画面。

不同的白平衡设置

白平衡设置	适用条件
自动白平衡	由相机决定白平衡设置，适用范围广但不是十分准确
日光模式	适用于晴天的户外光线
阴天模式	适用于阴天或者多云天气的户外光线
钨丝灯模式	适用于室内钨丝灯光源环境
荧光灯模式	适用于室内荧光灯光源环境
手动模式	根据环境光源手动设置，色温正确但操作麻烦

▲自动白平衡设置拍摄的画面

▲日光白平衡设置拍摄的画面

▲阴天白平衡设置拍摄的画面

▲钨丝灯白平衡设置拍摄的画面

▲荧光灯白平衡设置拍摄的画面

▲手动白平衡设置拍摄的画面

2.5 关于测光模式

尽管现在的数码单反相机非常先进，很多功能都已经自动化了，但是这种自动化还是建立在使用者做出一些简单操作的条件下。比如说测光，尽管相机可以给出曝光数据，但是它没有主观能动性，不会选择性地使用数据拍摄出漂亮的画面，最后还得是在摄影师的决定下，才能完成曝光。

▶ 测光原理

摄影是用光的艺术，要想拍出非常优秀的照片，必须要了解数码单反相机的测光原理，这样才能利用好测光，是走向成功的重要一步。

数码相机的测光原理是，相机根据进入机身内部的光线自动确定曝光量，相机将测光区域的反光率均设定是18%灰，然后给出光圈和快门的组合参数，18%灰是科学家经过一系列计算得出的自然界中的中间色调的反光率。

根据18%灰这个测光基准，市面上有一种标准灰卡，将这种卡放到和被摄景物同样的照射环境下，按照灰卡上测光得出的读数就可以得出正确的曝光，但是这要求摄影师选用的测光模式必须在灰卡大小范围内，如果超出的话，测光读数有可能不准确。

曝光补偿后的画面，还原了婚纱的白色，使画面更加亮丽

光圈：f/4 快门速度：1/125s 感光度：ISO100
曝光补偿：+1EV

没有曝光准确，白色的婚纱显得有些脏，不过亮白

光圈：f/4 快门速度：1/125s 感光度：ISO100
曝光补偿：+0

这也就是说在相机的眼中，这个世界就是18%灰组成的，无论你对准的是一张白纸还是一堆煤块，如果摄影师不加选择直接拍摄，那么得出的结果将令人大跌眼镜，因为你得到的白纸是一张灰纸；一堆煤炭，也变成了18%灰。

这就要求摄影师明白，自然界复杂的光线条件和色彩，都会对准确的测光产生影响，摄影师要根据情况选择适合的测光方式，什么时候使用中央重点测光，什么时候使用点测光和区域测光等，这些都要经过经验的积累来判断。

大面积黑色景物下相机正常指数拍摄的画面偏灰，不通透

光圈：f/8 快门速度：1/125s 感光度：ISO100
曝光补偿：+0

曝光补偿后的画面

光圈：f/8 快门速度：1/125s 感光度：ISO100
曝光补偿：−1EV

▶ 测光模式

市面上的数码单反相机几乎都采用TTL自动测光系统，TTL指的是根据测算通过镜头的光线来给出测光数据，下面来介绍几种常见的测光模式。

点测光

点测光方式仅仅对摄影师指定的画面中极小的一个范围进行测光，这种测光方式的测光区域为1%～3%之间，相机依据这个非常小的测光区域所得的光线，作为曝光依据。这种测光方式非常准确，但是对于初学摄影师，不是很容易掌握。

点测光的测光区域小，让摄影师在复杂光线下拍摄时有据可依，但是这要求摄影师有比较丰富的曝光经验，可以从复杂的画面里选择出18%灰，这种测光方式适用于舞台摄影、个人艺术照，以及逆光照片和大面积暗背景下的亮色物体和大面积亮背景下的暗色物体。

点测光拍摄逆光人物，避免了背光处一片黑暗，使画面细节丰富

光圈：f/5.6　快门速度：1/500s
感光度：ISO100　曝光补偿：+0

▲点测光标识

点测光拍摄的画面

光圈：f/2.8　快门速度：1/125s　感光度：ISO100　曝光补偿：+0

中央重点测光

中央重点测光主要测量取景框画面中央长方形或者圆形范围内的亮度，在取景框中的其他范围则为平均测光，除了长方形或圆形范围内的亮度对测光结果的影响比较小，由于相机类型不同，画面中央面积所占的比例大小也不尽相同，一般占全画面的20%～30%之间，这种测光模式的精度要高于平均测光。

在大多数拍摄情况下，中央重点测光都比较适合，这种测光模式适用于拍摄个人旅游照片和特殊风景照片，还适合拍摄居于画面中间的人物和物体。

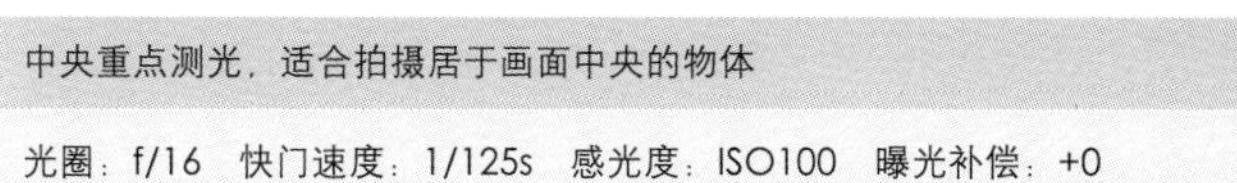

中央重点测光，适合拍摄居于画面中央的物体

光圈：f/16　快门速度：1/125s　感光度：ISO100　曝光补偿：+0

中央重点测光使人物面部曝光准确

光圈：f/2.8　快门速度：1/125s
感光度：ISO1000　曝光补偿：+0

▲中央重点测光标识

局部测光

局部测光和中央重点测光有一定的相似性，但是又不完全相同。中央重点测光是以中央区域为主、其他区域为辅助的一种测光模式。而局部测光模式，只针对画面中央的一部分区域测光，测光范围要比中央重点测光小很多，大概是3%～12%之间，局部测光模式比较适合一些光线比较复杂的环境。

这种测光方式适合用在被摄主体和背景有着强烈的明暗反差，而且被摄主体所占画面比例不大的时候。局部测光范围的测光区域比点测光的测光区域大。

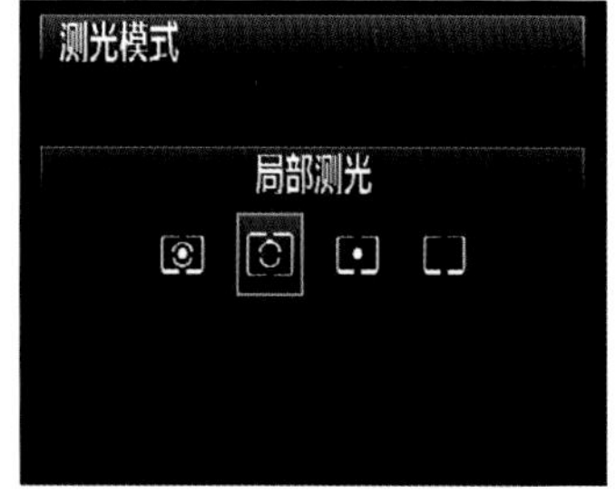

▲局部测光标识

局部测光模式适合被摄主体与前景有强烈的明暗反差，并且被摄主体占画面比例不大的时候

光圈：f/11　快门速度：1/125s
感光度：ISO100　曝光补偿：+0

评价测光

评价测光是对整个画面进行测光，即是把画面里所有的反射光混合起来进行测光。其间，画面中央区域的光线会被重点考虑。这种测光方式的优点是可以轻易地得到均衡的画面，不会出现局部的高光过曝现象，整个画面的直方图比较均衡。但是这种测光方式也有其自身的不足，它无法满足一些特殊的拍摄环境，比如阴影和逆光。

评价测光和中央重点测光最大的区别是：评价测光将取景画面分割成若干个小的测光区域，每个小区域独立测光之后，计算出整个画面的曝光值。这种测光是目前最智能的测光模式，所以一般初学者在拍摄复杂环境的时候，可以选用这种测光模式拍摄。

评价测光模式在拍摄光线均匀、光照条件好的场景时效果比较好。

评价测光模式适用于拍摄团体照片、家庭合影以及顺光下风景照片等。

评价测光模式拍摄的图片

光圈：f/5.6　快门速度：1/125s　感光度：ISO100　曝光补偿：+0

▲评价测光标识

2.6 曝光补偿的使用

一张摄影作品的曝光是否正确，建立在测光上，然而数码单反相机的测光系统不是足够聪明，还不可以自己判断被摄物体的准确曝光值，比如说，使用评价测光模式拍摄一张夜景图片，你看到的不是一张夜景，可能是一张灰景，这种现象在拍摄白色物体还有黑色的物体时更加严重。

为了应对这种现象，我们需要使用数码单反相机的曝光补偿功能，在测光系统得出的数据基础上人为地加减曝光量，通常来说，数码单反相机提供的曝光补偿一般在+2EV和-2EV之间。

▲曝光补偿按钮

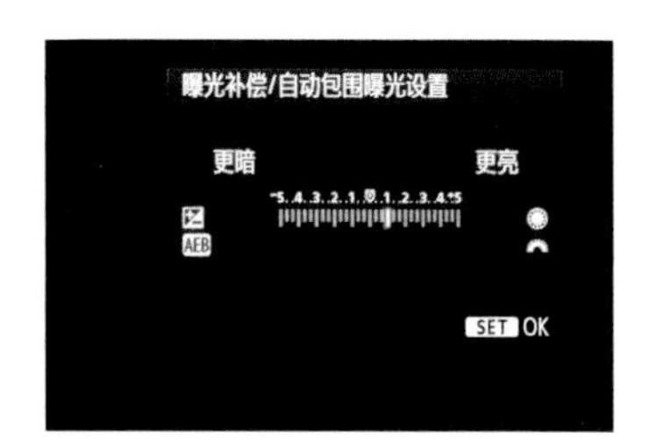

▲曝光补偿显示

增加曝光补偿或者减少曝光补偿，就意味着曝光量的改变，举个简单的例子，例如：拍摄一个场景，经过测光得出的数据是：快门1/60s，光圈为f/8，那么增加一挡曝光补偿，光圈和快门会有怎样的变化呢。

第一种情况：快门变成1/30s，光圈保持f/8不变，因为快门速度增加了一倍的时间，所以曝光量增大了一倍。

第二种情况：快门保持1/60s不变，光圈调整为f/5.6，这样光圈的孔径扩大了一倍，曝光量也增加一倍。

减少曝光补偿也是同样的道理。通过调整光圈的大小或者提高快门速度来实现。

在使用曝光补偿的时候要遵循以下规则：亮加暗减。或许初学者会疑惑，既然都亮了，为什么还要加亮呢？需要注意的是，这里提到的亮不是拍摄出来的画面亮，而是针对拍摄场景说的。如果摄影师面对的是一个大面积发亮的场景，相机的测光会将它看成18%灰，整个画面的亮度会被降下来，此时就需要使用曝光补偿，增加相应的曝光量，来增加画面的亮度。如果摄影师拍摄的是一个比较暗的物体，则要相应地减少曝光量，否则测光系统仍会把被摄物当成灰色调处理。

未调整曝光补偿的画面

光圈：f/16　快门速度：1/30s　感光度：ISO100
曝光补偿：+0

黑色环境里调整曝光补偿的画面

光圈：f/16　快门速度：1/30s　感光度：ISO100　曝光补偿：+0.7EV

未调整曝光补偿的画面，虽然真实还原了景物，但画面发灰，层次较少

光圈：f/22　快门速度：1/500s　感光度：ISO100　曝光补偿：+0

调整曝光补偿的画面，使得画面更有层次

光圈：f/22　快门速度：1/500s　感光度：ISO100　曝光补偿：+1EV

2.7 巧用包围曝光

包围曝光技术的出现，给摄影师提高出片率带来了极大的保证，因为在一些光线环境复杂，曝光要求准确的情况下，很多经验丰富的摄影师都不敢保证自己的判断。所以，充分利用包围曝光功能，可以解决这种困扰。

▶ 自动包围曝光

自动包围曝光是一种通过对被摄对象进行不同曝光量拍摄的曝光方式，通常来说，在采用自动包围曝光的时候，相机会自动对被摄物进行连续2、3或5张曝光略有差异的照片。但是在使用自动包围曝光的时候，摄影师需事先测定一个大概的曝光值，这个曝光值是数码单反相机进行自动包围曝光的基准，在此数据基础上进行“包围”。

自动包围曝光的“包围”方式也有几种，给摄影师以丰富的选择，可以按照1/3挡、1/2挡、1挡等来调节曝光，这么丰富的曝光选择，足以使摄影师在一系列曝光量有差别的照片里选出自己满意的照片。

▲设置自动包围曝光的方法

自动包围曝光一般适用于光源环境复杂或者相机不易正确测光的场景。

自动包围曝光1

光圈：f/16　快门速度：1/15s　感光度：ISO100　曝光补偿：+0

自动包围曝光2

光圈：f/16　快门速度：1/15s　感光度：ISO100　曝光补偿：+0

自动包围曝光3

光圈：f/16　快门速度：1/60s　感光度：ISO100　曝光补偿：+0

▶ 白平衡包围曝光

数码单反相机的功能是非常强大的，它不仅可以让摄影师按照不同的曝光量对事物进行包围曝光，还可以按照摄影师的意图偏移白平衡对事物进行连续的拍摄。其补偿量最大偏移为3级，可以以基准值为中心实现不同颜色倾向的偏移，可以从红色系到蓝色系，也可以从蓝色系到洋红色系。

在使用自动白平衡包围曝光的时候，摄影师没必要像使用自动包围曝光那样一次拍摄3张图片，仅需要拍摄一张照片相机就会自动生成3张不同白平衡的照片。

白平衡包围曝光模式适用于拍摄环境中存在多种光源，比如有自然光还有白炽灯等情况下。

白平衡包围曝光画面1

光圈：f/2.8　快门速度：1/1000s　感光度：ISO100
曝光补偿：+0

白平衡包围曝光画面2

光圈：f/2.8　快门速度：1/1000s　感光度：ISO100
曝光补偿：+0

白平衡包围曝光画面3

光圈：f/2.8　快门速度：1/100s　感光度：ISO1000　曝光补偿：+0

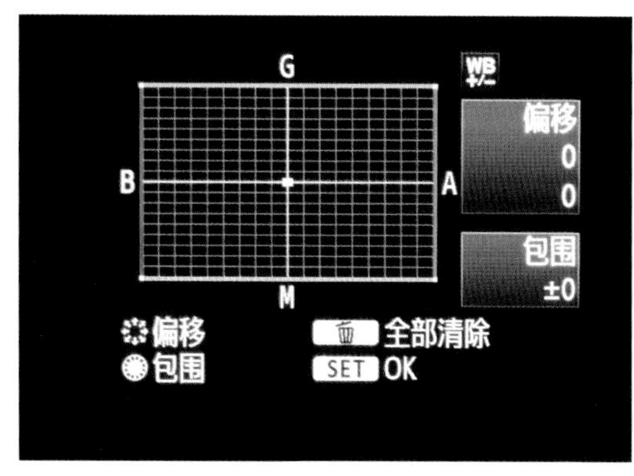

▲白平衡包围曝光的设置方法

▲白平衡包围曝光的设置方法

2.8 选择对焦方式和对焦模式

如今的数码单反相机，拥有高度自动化的对焦功能，还拥有多种对焦方式，正确的对焦方式对保证画面质量起着关键的作用。摄影师只有掌握了这些对焦技术，才能够将手中的相机运用得心应手，也只有这样才能够在遇到精彩画面的时候，用最快的速度将其捕捉下来。

▶ 对焦方式

对焦的英文单词是FOCUS。一般来说，数码单反相机有3种对焦方式，分别是自动对焦、手动对焦和多重对焦。

自动对焦

自动对焦是数码单反相机上所设有的一种通过电子及机械装置自动完成对被摄体的对焦，使其影像清晰的功能。

自动对焦最主要的特点是准确性高，操作方便。在使用时相机自动对被摄物合焦，这样就有利于摄影师把精力更多地集中在其他地方，全神贯注地捕捉精彩画面。

运用自动对焦模式，抓取精彩瞬间

光圈：f/5.6　快门速度：1/250s　感光度：ISO100　曝光补偿：+0

手动对焦

手动对焦是通过手工转动镜头上的对焦环，使得画面景物合焦的一种对焦方式。这种对焦方式很大程度上依赖摄影师眼睛对对焦屏上影像的判别和摄影师的熟练程度，甚至拍摄者的视力。

尽管自动对焦方式很方便，但是它有自身的局限性，在某些特殊的光线条件下，或者是特殊的拍摄要求下，自动对焦很难完成工作。比如说微距拍摄，手动对焦可以很好地选择对焦点，而自动对焦可能就不能做到那么精确。

▲手动自动对焦切换转盘

运用手动对焦模式拍摄特定的画面时可以精确地控制焦点

光圈：f/11　快门速度：1/125s　感光度：ISO100　曝光补偿：+0

多重对焦

多重对焦是指当对焦中心没有设置在画面中心的时候，相机会以多个对焦点对画面中的景物进行对焦，一般常见的多重对焦有5点、7点和9点对焦。使用多重对焦方式除了可以设置对焦点的位置，还可以设定对焦范围。

▶ 对焦模式

对焦模式的选择是根据拍摄题材而定的，数码相机的自动对焦模式一般有3种，即单次自动对焦、人工智能自动对焦和跟踪对焦模式。可能各个厂家的叫法有所不同。

单次自动对焦模式

“单次自动对焦”是使用最频繁的一种模式，通常在拍摄对象不会移动的条件下，这种对焦方式允许摄影师对焦后再重新构图，而且在构图的时候相机不会对被摄景物再次进行对焦。

运用单次自动对焦模式拍摄的固定物体

光圈：f/11　快门速度：1/125s　感光度：ISO100　曝光补偿：+0

人工智能自动对焦模式

在人工智能对焦模式下，相机会根据被摄物体，自动在单次对焦模式和跟踪对焦模式之间切换，这种模式适合在无法决定选择单次自动对焦模式还是跟踪对焦模式的情况下使用。

跟踪对焦模式

跟踪对焦模式的特点在于跟踪，使用此种模式在拍摄的时候，只要摄影师半按快门，相机就开始工作，通过焦点预测自动对焦，数码单反相机可以对持续接近或者远离相机的运动主体进行跟踪对焦。

跟踪对焦模式适合拍摄焦距不断变化的运动物体。

运用跟踪对焦模式拍摄的运动物体

光圈：f/5.6 快门速度：1/250s 感光度：ISO100 曝光补偿：+0

2.9 利用直方图查看曝光

直方图对数码摄影的作用非常大，它可以给摄影师提供强有力的辅助参考，用以判定一张照片的曝光情况，甚至是颜色分布信息。

直方图是数码相机对所拍摄照片进行数据分析后的一种波形图，直方图分为横轴和纵轴两个方向，横轴部分从左到右代表的是从画面的最暗部到画面的最亮部，纵轴上面高低错落的波峰，代表的是在该亮度的总像素数，波峰越高，就说明像素数量越多。

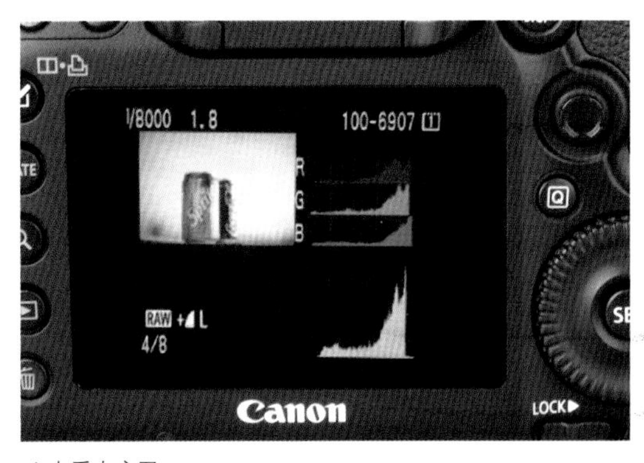

▲查看直方图

查看直方图得到曝光

光圈：f/18 快门速度：1/500s 感光度：ISO100
曝光补偿：+0

一幅好的照片应该具有明暗两部分的细节，而且直方图的两侧不会有像素溢出，在直方图上的体现是从左到右都有分布，这说明画面细节丰富，两端不溢出，说明画面没有曝光不足和曝光过度的地方。

下面的直方图，波峰偏向画面的右侧，而且有溢出，说明这张画面偏亮，而且有曝光过度的地方，照片效果也符合直方图显示的现象。

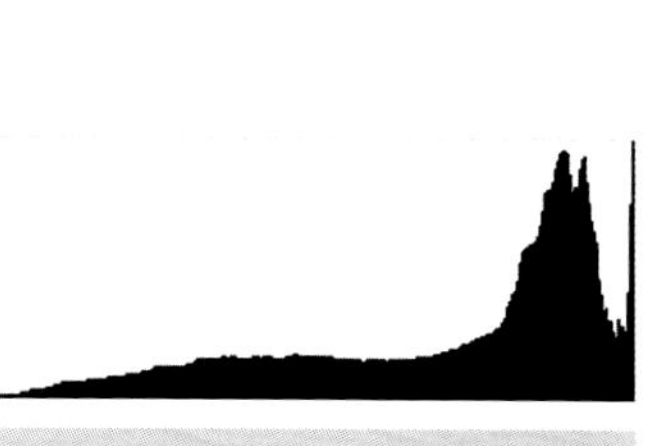

画面曝光过度

光圈：f/16　快门速度：1/60s
感光度：ISO100　曝光补偿：+0

下面的直方图，波峰偏向画面的左侧，而且有溢出，说明这张画面偏暗，而且有曝光不足的地方，照片效果也符合直方图显示的现象。

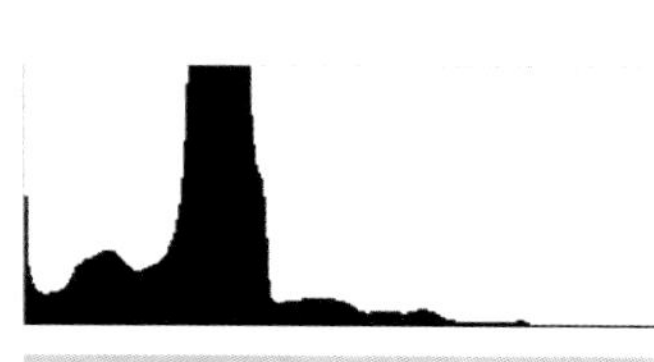

画面曝光不足

光圈：f/16　快门速度：1/2 500s
感光度：ISO100　曝光补偿：+0

下面的直方图，波峰分布合适，没有溢出现象，说明这张画面细节俱在，曝光合适，照片效果符合人眼的观察。

画面曝光正常

光圈：f/5.6　快门速度：1/250s　感光度：ISO100　曝光补偿：+0

佳能

EOS 5D Mark III

数码单反摄影从入门到精通

03

巧妙安排画面构图

摄影构图的概念和目的

重点突出主体

主体与陪体一起构造画面情节

空白：创造画面意境

常用的构图技巧

减法的实现——突出主体元素三把剑

寻找对比元素

3.1 摄影构图的概念和目的

摄影初学者通常对器材有很高的关注度，觉得要想拍出好照片，就一定要用最好的设备，但是实际上，要想拍好照片，首先应该关注的是构图。

简单地说，构图就是当我们拿起相机，通过取景器对镜头里的世界进行观察，对画面进行取舍的过程。从狭义上讲，构图时摄影师为了表现一定的思想、意境、情感，在一定的范围内，运用审美的原则安排被摄对象的位置关系，使其组成一幅有艺术感染力的画面。从广义上讲，构图包括一切平面和立体的造型，但是立体的造型可以随时改变视角，如果单纯地从某一个角度阐释立体造型的构图，就显得不够全面。所以构图通常是针对平面来说的。

构图内涵跟绘画艺术大致相同，都是为了表现作品的主题思想和美感效果，并在一定的空间内安排和处理人、物的关系和相对位置，将其组合成一个艺术的整体。

无论摄影师面对的是什么样的拍摄题材，它们都是包含有美感。在观察它们的时候，摄影师不应该把眼光局限在事物的属性和本身的特征上，还应该多方面地寻求它们身上具备的美感，比如形态、质地、线条、光线、颜色等。这就是说摄影师应该做一个能够发现美的人，生活中不缺乏美的东西，我们应该善于发现，并且借助手中的相机将美好的事物，记录下来展现给人们。

很多摄影师往往只注重拍摄对象在画面中是否清晰，没有想过画面的构图，在一幅完整的图像中，构图占据重要位置。如上图大片的羊群占据大面积画面，骑马的牧羊人在逆光下只剩下剪影留在画面的左上角

光圈：f/11　快门速度：1/200s　感光度：ISO100　曝光补偿：+0

3.2 重点突出主体

一幅成功的摄影作品，通常要有一个摄影主体，主体就是摄影师所要拍摄景物的趣味中心，是摄影师所要表现的物体。所以摄影师拍摄的时候要用尽一切办法使主体在画面中凸显出来，成为画面的主角，这就要避免主体被其他景物淹没。只有突出了主体，才能使画面中出现主次关系，得到简洁的画面。可以说，没有主体的画面不能被称之为一幅完整的摄影作品。

要想让主体得到充分地体现，有以下几种形式。

增加主体在画面中的面积大小

在一幅画面中，面积比较大的事物总是最先引起观者的注意，很容易成为画面的视觉中心，可以用近景或者特写的方式表现被摄主体，使它在画面中的面积增大，同时也就能够将一些无关的景物排除在画面外。

主体在画面中的面积不够大，不能很好地突出主体

光圈：f/5.6　快门速度：1/800s　感光度：ISO100
曝光补偿：+0

增大主体在画面中的面积，可以清晰地看到人物的五官和表情

光圈：f/3.5　快门速度：1/1250s　感光度：ISO100
曝光补偿：+0.3EV

将主体安排在画面中醒目的位置

一幅画面中总是有一些位置能最先抓住观众的眼球，摄影师应该充分利用这个特点，为主体寻找这个有利的位置，这样不仅能突出主体，还能使画面的布局显得更加美观。

将木船安排在画面的醒目位置，明确画面主体

光圈：f/11　快门速度：1/500s　感光度：ISO200　曝光补偿：+0.7EV

利用背景突出主体

为了突出主体，我们可以在背景上做文章，比如利用背景的明暗、色彩、动静、大小、虚实等关系使主体在环境中凸显出来。

利用不同颜色背景与主体产生对比

光圈：f/8　快门速度：1/1000s
感光度：ISO100　曝光补偿：+0.3EV

满树黄色的树叶，明确了秋天这个季节，明快而浪漫。加强画面氛围，烘托人物情感

光圈：f/3.5　快门速度：1/400s
感光度：ISO100　曝光补偿：+0.3EV

利用线条引导

如果画面中有一些方向性的线条存在，那么就请使画面主体处于这些线条的指向处，线条所产生的汇聚线起到一定的视觉导向性。

线条有很强的视觉牵引力，引导视线走进画面

光圈：f/22　快门速度：1/125s　感光度：ISO1000　曝光补偿：+0

利用明亮的光线

如果画面中的光照强度使得主体与背景明暗程度不一样，被摄主体处在一个明亮的光线里，背景较为深暗，这样也是一种突出主体的方式。

不仅要会利用明亮的线条，还要能够创造出明亮线条，使得画面具有创意

光圈：f/28　快门速度：1s　感光度：ISO100　曝光补偿：+0

3.3 主体与陪体一起构造画面情节

陪体是指在画面上与主体构成一定情节，帮助表达主体内容的事物，常言道：红花还需绿叶配。这也就是说，要想清晰明确地表达摄影师所想表现的主体，不单单仅限于做到一个主体突出，如果将主体和陪体有机地结合在一起，让陪体有效地衬托出主体，画面的视觉语言会更加生动、活泼。摄影师在构图中使用陪体的时候，要注意以下几点：

①陪体的存在是为了衬托出主体，用来深化主体的内涵，在表现的过程中，切记不要让陪体喧宾夺主，主次不分。

②陪体的选择。陪体既然要出现在画面中，就要在陪体的选择上好好考虑一下，好的陪体可以有效地帮助画面产生一种情节感，如果摄影师选择的陪体不当，生搬硬套，不但对主体表现没有帮助，还会破坏整个画面的氛围。

③陪体的表现方式。陪体不一定是完整地存在于画面中，因为陪体的表达方式也是可以多样的，陪体可以直接表现，也可以间接表现，有些部分处于画外仍然可以有效地营造画面的情节。

适当的陪体，对表现主体有很大的帮助，画面中的枝桠显示出拍摄时的季节和小鸟的轻盈

光圈：f/5.6　快门速度：1/400s
感光度：ISO100　曝光补偿：+0.3EV

主体人物占据画面较小，陪体是大面积的建筑，喧宾夺主

光圈：f/5.6　快门速度：1/400s　感光度：ISO100
曝光补偿：+0.3EV

加大主体在画面中所占面积，有利于表现主体

光圈：f/3.5　快门速度：1/800s　感光度：ISO100
曝光补偿：+0.3EV

3.4 空白：创造画面意境

通常一幅摄影作品上，不会堆砌得满满当当，除了一些看得见的实体景物，还会留有一些空白，这些空白由统一色调的背景组成，它们可以是单纯的白背景，也可以是天空、土地、湖泊等。这些事物通过摄影手法的处理，变得比较模糊，失去它们本身的实体形象，这种现象对衬托出被摄主体非常有帮助。

画面中的留白有利于增强画面的意境

光圈：f/16　快门速度：1/2000s　感光度：ISO100　曝光补偿：+0.3EV

在画面中摄影师除了应该经营好主体、陪体等这些实际存在的实体事物外，还要好好地利用留白，留白处理得当，对画面起到的作用是不可估量的。

被摄主体的周围留出一些空白会显得非常突出，如果说将被摄主体放置于一堆杂乱的物体中间，很难欣赏到它的美，那些存在的杂物会分散观看者的注意力，很难将视线集中到被摄主体本身，画面主体的表现也不是那么的清晰明白。

画面左半部分大面积的墙体更好地突出了主体人物

光圈：f/3.5　快门速度：1/400s　感光度：ISO200
曝光补偿：+0.3EV

书画界有句话叫：疏可走马，密不透风。这句话也充分地说明留白的重要性，合适的留白也有助于营造出画面的意境，使人陷入深深的思考。如果画面中没有留白，被实体对象塞得满满的，会给观看者一种压抑感，显得画面没有一点回旋的余地。

在使用留白的时候，摄影师要注意留白和实体对象的比例大小，如果二者之间的比例对等，画面会显得呆板。拍摄人像的时候通常将留白置于人物面对的方向，这样的画面比较符合人眼的视觉习惯，而且画面也显得舒服。

▶ 画幅的选择与裁切构图

采用什么样的画幅进行拍摄是构图时要考虑的首要问题，画幅的形式是决定画面范围、处理画面结构的重要手段。

在日常拍摄中，常见的画幅主要有横构图和竖构图两种。然而采用哪种画幅拍摄，要根据被摄景物的形状、内涵和摄影师的创作意图来选择。下面我们介绍一下这两种不同画幅形式各自的特点，了解了这些特点，在面对不同拍摄题材的时候，可以根据自己的表现意图选择合适的画幅。

横画幅

横画幅是我们在日常生活拍摄中最常用的一种画幅形式，首先我们人类两只眼睛就是横向生长的，因此在看横画幅这种构图形式的时候会很习惯。

横画幅的构图形式能使画面产生宁静、宽广、博大、自然、平和的视觉感受，横画幅更多的是表现处于水平方向的事物，所以在实际拍摄的时候，画面经常会出现单一的横线，比如地平线。这种情况下，摄影师就要注意处理好单一横线在画面中的位置，如果横线的位置不适当，可能会使画面产生割裂效果。切忌将这种单一横线置于画面的中央。

横构图画面符合人眼的视觉习惯，有利于表现山川

光圈：f/26　快门速度：1/500s　感光度：ISO200　曝光补偿：+0

远处的地平线是横构图画面常用到的元素

光圈：f/28　快门速度：1/200s　感光度：ISO100　曝光补偿：+0

横画幅表现更多的是横向的景物，能够扩充水平方向的空间。

在拍摄水平运动的事物时，通常也采用横向构图，这样可以加大运动物体在水平方向上运动的趋势。在运动物体前方多留出一些空间，更有利于表现物体的运动感，而且画面也会显得更美观。

在运动物体的运动方向多留些空间

光圈：f/8　快门速度：1/125s　感光度：ISO400　曝光补偿：+0.3EV

竖画幅

竖画幅通常会给人一种不同的视觉感受，在拍摄一些特定的景物时采用竖构图会获得更好的视觉效果。竖向构图非常适合表现高大的景物，它能带给人们一种高耸向上的感觉。这种竖向构图使观看者的视线上下移动，所以更适合表现具有明显垂直线特征的事物。

在拍摄竖向事物的时候，经常会有竖向的线条出现，合理地安排竖线的位置，对于表现线条的特性有很大的好处，竖线象征着坚强、庄严、高大、有力等。

竖向画面中有单一竖线存在时，如果画面中有多条竖线的话，可以改变摄影师的位置，使画面产生一些排列透视或者多排透视等效果。

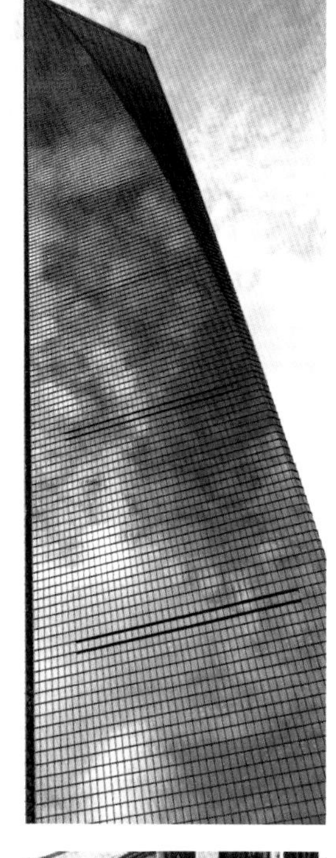

竖幅的画面适合表现高大的物体

光圈：f/28　快门速度：1/200s　感光度：ISO100
曝光补偿：+0.7EV

结合低角度拍摄，增强画面创意感

光圈：f/11　快门速度：1/80s　感光度：ISO100
曝光补偿：+0

竖幅画面有助于增强画面的透视感

光圈：f/18　快门速度：1/200s　感光度：ISO100
曝光补偿：+0.3EV

3.5 常用的构图技巧

经过众多摄影师的发现和探索，摄影构图已经成为一门学问，一门有规律、可以学习并掌握的学问。

只要摄影师们了解了这些规律，并且经常性地运用到自己的拍摄当中，总有一天摄影师会摆脱简单的模仿，总结出一套自己的构图原则。

▶ 三分法构图

三分法构图又称井字分割法，它将画面的长和宽分成了三等分，各条分割线的交点位置就是被摄体的最佳位置，也是最容易引导人们兴趣的视觉焦点。

三分法构图可以用于横构图，也可以用于竖构图，这种构图方法，看起来画面简练，并且能够鲜明地表达主体。

▲画面主体采用三分法安排，画面看起来很简练、干净

画面主体采用三分法构图，画面看起来很简练、干净

光圈：f/11　快门速度：1/400s　感光度：ISO100　曝光补偿：+0

在拍摄风光的时候，三分法是处理地平线位置的好办法，摄影师可以将地平线的位置置于三分线的任何一条线上，这样就避免了地平线居中造成的画面呆板感觉。如果画面中天空的云彩或远处的风景漂亮，就将地平线置于下面的三分线，这样天空会表现得更多一些。如果说拍摄的重点是地面的风景，可以将地平线置于三分线的上面部分，地面则显得更加突出。

烽火台和山体占画面2/3的面积，蓝天占1/3的面积，画面被三等分

光圈：f/24　快门速度：1/800s　感光度：ISO200　曝光补偿：+0

拍摄人像时使用三分法也是不错的构图方法，这种方法带给人的视觉感受会比较强烈。

拍摄人像时也使用三分法

光圈：f/2.8　快门速度：1/1000s　感光度：ISO200　曝光补偿：+0.3EV

▶ 九宫格构图法

九宫格构图法也称井字构图法，整个画面看起来就像一个井字，它属于黄金分割的一种，九宫的意思是将画面分成大小相同的九块面积，最中间的那一块面积的四个角是画面的最佳位置。

九宫格构图能使画面呈现出变化和动感，而且画面充满了活力，在这四个角的位置，它们又各有不同，上方的两个角动感比下方的两点更强，左侧的两点则强于右侧的两点。

拍摄时把车辆安排在九宫格构图中的右下点上，显示出沙漠的广阔无垠

光圈：f/32　快门速度：1/500s　感光度：ISO100　曝光补偿：+0.3EV

马儿处于井字构图的右下点处

光圈：f/24　快门速度：1/500s　感光度：ISO100　曝光补偿：+0

▶ 稳定感强的三角形构图

三角形在平面图形艺术中，给人的感觉也是均衡、稳定的，所以摄影师在实际拍摄的时候完全可以利用三角形的这种特性。如果你想表现稳定感，就可以选用这种构图方式。

三角形构图有很多种样式：正三角形、倒三角形、不规则三角形。正三角形带给人的感觉是安定、平稳、充满了力量、不可撼动。

三角形构图增加画面的稳定感

光圈：f/16　快门速度：3s　感光度：ISO100　曝光补偿：+0

烟花与看台上的人群形成了一个三角形

光圈：f/22　快门速度：3s　感光度：ISO100　曝光补偿：+0

倒三角形相对于正三角形来说，比较新颖，但是它没有正三角形带给人的感觉稳定，相比较来说，倒三角形更能表现一种视觉张力和压迫感，使画面充满视觉冲击力。

不规则三角形相对于正三角形和倒三角形来说，显得更加灵活，带有一种跃动感。

在使用三角形构图拍摄人物的时候，可以适当地调动人物的四肢，使被摄者的头、手、肘形成一个稳定的三角形。当然，不仅仅只有头、手、肘可以连成三角形，只要摄影师多多观察，一定可以发现很多可以组成三角形构图的事物。

画面中两位拍摄对象的姿态形成一个倒三角形，充实画面

光圈：f/8　快门速度：1/250s　感光度：ISO100　曝光补偿：+0

扬起的胳膊与站直的双腿形成倒三角形

光圈：f/16
快门速度：1/500s
感光度：ISO100
曝光补偿：+0

▶ 动感十足的S形构图和C形构图

大多数人们对曲线都有一种莫名的喜爱，曲线在视觉上带给人的感觉很有生命力，有浪漫、优雅的感觉。

S形构图

S形曲线构图，带有一种流动感，增强了画面的韵味。这种带弧度的线条会引导观看者的视线，随着这种线条看过去，画面更具有空间感和纵深感。在风光摄影中，我们会经常看到S形构图。

S形构图应用在不同的画幅中会产生不同的视觉感受。用在横幅画面里，会使画面显得更加宽广辽阔；用在竖幅画面中，能够体现所拍摄景物的前后透视纵深感，使画面看起来更加地深远。

隔河相望的城市由于桥梁的连接成为S形

光圈：f/22　快门速度：10s　感光度：ISO100　曝光补偿：+0

树木的走势形成S形

光圈：f/24　快门速度：1/1500s　感光度：ISO100　曝光补偿：+0

C形构图

C形线条的形状接近圆形。这种线条会使人的视线向圆心的中心集中，给人一种旋转、生生不息的美好感觉。

河流弯曲的走向形成C形，引导观看者的视线

光圈：f/28　快门速度：1/500s　感光度：ISO100　曝光补偿：+0

城市间的道路往往具有很多的弧形，C形构图是比较容易展现桥梁形态的构图方式

光圈：f/22　快门速度：10s　感光度：ISO100　曝光补偿：+0

▶ 对角线构图

对角线构图比较简单，摄影师在构图的时候，只要将被摄对象的线条走向刻意安排在画面对角线的位置上即可。

对角线构图比较强调方向性，这种构图充满了力量感、方向感和动感。使得平凡的主体变得充满了视觉冲击力。这种冲击力主要来自于它不同寻常的摄影角度，很容易带给观看者一种新奇感，并且有引导观赏者的视线向视觉中心运动的作用。

对角线构图常用于拍摄轻松的人像留念照或者有欢快感的人像写真照等一些不需要过分严肃的摄影题材，对角线构图运用在美食摄影中也是一种不错的选择，新颖的角度本身很吸引眼光，再加上这种角度很容易凸显出美食的内容。

拍摄对象的动作和拍摄者的拍摄方法，造成画面对角线构图

光圈：f/6.3　快门速度：1/250s　感光度：ISO100　曝光补偿：+0

穿过画面的河流

光圈：f/16　快门速度：1/100s　感光度：ISO100　曝光补偿：+0.7EV

▶ 汇聚线构图

汇聚线构图是一种透视感很强的构图方式，学习过绘画的人都知道一个原理，由于事物的远近距离不一样，会形成近处的事物大，远处的事物小，这种现象就是汇聚线构图的核心所在。汇聚线条在构图上有以下几个作用：

①线条的透视很容易表现出画面的空间感。

②线条引导观看者的视线。

③塑造出画面的可视形象。

拍摄道路、建筑等主体的时候，比较适合利用汇聚线构图进行拍摄。

画面中的各种线条汇聚在夕阳处

光圈：f/24
快门速度：1/30s
感光度：ISO100
曝光补偿：+0

穿山车的轨道与墙壁上的照明灯共同汇聚到远处的黑点

光圈：f/22　快门速度：1/125s
感光度：ISO100　曝光补偿：+0

▶ 中央构图

中央构图是指将被摄主体集中在画面的中央部分，这种构图也就是经常说的圆形构图。在运用这种构图方式拍摄的时候，画面会带给人稳定感和强烈的集中力。

在拍摄实实在在的圆形物体的时候很容易拍出这种构图效果，比如拍摄一些圆形的建筑等，还有一种比较特殊的圆形构图，比如通过一些空心的圆形钢管、管道等物体，在这些圆形的外框内部安排画面。这种效果也能带给人一种不同的视觉感受。

这种构图方式有时候不是以一种实实在在的圆形图案存在在画面当中，它需要观看者进行简单的抽象想象，才能看出画面中存在的隐形圆形图案。

鱼眼镜头拍摄圆形景物形成中央构图

光圈：f/22 快门速度：1/400s
感光度：ISO100 曝光补偿：+0

两个门形的口一环接一环

光圈：f/11
快门速度：1/400s
感光度：ISO100
曝光补偿：+0

▶ 曲线构图

曲线构图包括不规则曲线构图和规则曲线构图。曲线和直线不同，它带给人的感觉很柔和、优雅、浪漫。

在摄影中，曲线的应用非常广泛，比如：壮观的大峡谷转弯，幽静的山间弯路等；在拍摄女性的人体摄影中着重表现的也是曲线，女性本身的生理曲线非常漂亮柔美。

曲线的表现方法非常丰富，摄影师要注意曲线的总体轴线方向。它可以综合运用对角线式、S式、横式和竖式等方式，当这种曲线和其他线条综合运用的时候，更能突出它的特性，但是一旦画面中增加了其他因素，会给摄影师在控制画面的时候，增加一定的难度，如果摄影师把握不好，可能会显得画蛇添足。

这张照片的成功之处就是充分地调动女性的身体，展示出美女美丽的曲线

光圈：f/8　快门速度：1/250s
感光度：ISO100　曝光补偿：+0

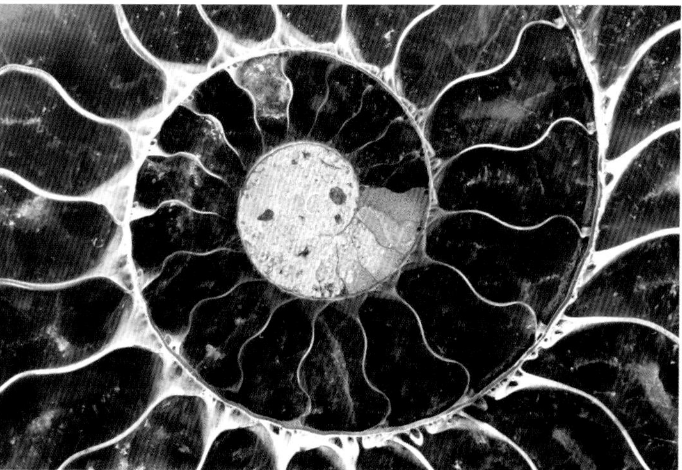

海螺的剖面图像，弯曲的线条极具美感

光圈：f/5.6　快门速度：1/500s
感光度：ISO100　曝光补偿：+0

弯弯曲曲的长城城墙

光圈：f/24 快门速度：1/200s 感光度：ISO100 曝光补偿：+0

▶ 横线构图与竖线构图

横线构图

横线构图着重表现的是画面中景物横向的排列，它带给人一种横向的延伸，使画面产生宁静、宽广、博大的感觉。

如果摄影师想表现景物博大宽广的感觉，使用横线构图是不错的选择。在使用横线时要注意横线的位置，如果横线位置不当，可能会使画面产生割裂感，比如画面中地平线的位置，最好不要放在画面的中央。

层层的山峰和远处的亮白色都以横线的形式出现在画面中

光圈：f/22 快门速度：1/100s 感光度：ISO100 曝光补偿：+0

当画面中有多条横向的线条出现的时候，摄影师可以在其中的某一条线上放置被摄物体，这样就能打破这种横向线条的单调，使画面产生一种变异感。这种方法不仅能起到突出主体的作用，而且还将横向的线条效果强化了，使其在画面里起到了一种装饰感的效果。

近处的羊群和天空的浮云增添了画面气氛

光圈：f/28　快门速度：1/1000s
感光度：ISO100　曝光补偿：+0.3EV

海平面横贯画面，近处的岩石加大画面景深

光圈：f/28　快门速度：1/200s
感光度：ISO200　曝光补偿：+0

竖线构图

竖线条带给人挺拔、坚强、庄严、有力的感觉。在摄影师的日常摄影中，会经常性地看到竖线条的身影，比如树木、电线杆、柱子等。总体来说，竖线条出现的概率要比横线条多一些。

在使用竖线条构图的时候，摄影师会有比较丰富的变化，相比较使用横线条构图而言，使用竖线条要比横线条时多变，要注意竖线条的位置，不要让竖线条将画面分为相等的两份，可以适当地结合三分法或者其他的一些构图方法使用，这样拍出来的画面比较丰富多变。使用竖线条构图的时候可以适当地变换机位，使画面中的竖线条成有序的阵列，或者形成强烈的透视感，总之摄影师一定要灵活多变，不要待在一个地方拍摄，也不要局限在一种表现方式上。

近处的树干配合使用竖构图，使得竖线条充满了向空中延伸的感觉，配合雾中隐约显现的树影，画面营造出一种浓郁的氛围

光圈：f/11　快门速度：1/500s
感光度：ISO100　曝光补偿：-0.3EV

仰视角度拍摄斜坡上的树干，带给观者独特的视觉感受

光圈：f/8　快门速度：1/800s
感光度：ISO100　曝光补偿：+0

▶ 增加临场感的框景式构图

摄影师在日常拍摄中，经常会被周围的环境干扰，很多不相干的物体会干扰被摄主体的表现，严重削弱了被摄主体对人的吸引力，不能很好地表现摄影师的意图。在这种情况下，摄影师就可以利用框景式构图法，寻找一个能够遮挡无关事物，吸引观众注意力到主体上的画框。

这种框景式构图是一种形式感很强的构图方式，它带给人的感觉像是透过门窗观看影像，仿佛自己也置身其间。框景式构图很容易产生空间透视效果，它不仅仅增强画面的纵深感，而且还有一种装饰效果。

通过圆形门框看到后面的连廊

光圈：f/11　快门速度：1/100s　感光度：ISO100
曝光补偿：+0

帐篷的圆形门形成前景，露出雪山、草地和羊群

光圈：f/32　快门速度：1/200s
感光度：ISO500　曝光补偿：+0.3EV

▶ 封闭式构图与开放式构图

封闭式构图

封闭式构图比较讲究画面的整体和谐、严谨，它要求画面有一定的完整性。封闭式构图是传统摄影、美术等艺术门类常用的表现手法，这种构图比较适合表现一些和谐、具有美感的风光题材，也适合一些比较平静、优美、严肃的人物主体或者纪实场面。

对称式构图拍摄水边的木桥和芦苇

光圈：f/16　快门速度：1/400s　感光度：ISO500
曝光补偿：+0

井字形构图，画面稳重，符合视觉习惯

光圈：f/24　快门速度：1/30s　感光度：ISO100　曝光补偿：+0

开放式构图

开放式构图和封闭式构图相反，开放式构图就像是思维活跃的年轻艺术家，而封闭式构图比较像是老一辈艺术家的严谨认真。正如上面的比喻，采用开放式构图的画面显得灵活，而且富有视觉冲击力，这种构图方式强调的是画面内外的联系，它不讲究画面的均衡和严谨，更注重通过画面内所留有的元素，使观赏者获得一个比较大的想象空间。

开放式构图比较适合于表现一些动作感强，有一定情节的生活场景等题材。

画面虽然不是根据固定的构图法则完成的，但是很有美感

光圈：f/16　快门速度：1/125s
感光度：ISO100　曝光补偿：+0

开放式构图更讲究画面的内容，为烘托主体服务

光圈：f/22　快门速度：1/100s
感光度：ISO100　曝光补偿：+0

3.7 减法的实现——突出主体元素三把剑

绘画是加法的艺术，艺术家要从生活中寻找素材和灵感来填满空白的画布。摄影和绘画正好相反，摄影是减法的艺术，摄影师要从杂乱无章的环境里找出最精彩的元素，然后改变相机的光圈、焦距等参数，还可以利用光线特征等一些可以改变的外界因素，达到突出主体、引导观众视觉的效果。下面就讲解一下摄影的减法，常见的减法有3种。

▶ 景深减法

景深减法的构图方式非常常见，这种构图方式主要是通过降低快门速度，放大光圈等手段，将画面的景深范围缩小到一定程度，这种浅景深很容易突出主体，其余的杂物都被虚化掉了。

这种表现手法对拍摄形态特征和周围元素雷同、形象不突出的对象非常适合。它可以选择性地将焦点集中在主体上，自然就将观看者的注意力吸引到了焦点上。这种手法在搭配长焦镜头时效果会更加明显。

画面背景是一大片的花朵，如果摄影师使用全景深拍摄，处于画面远处的花朵也很清晰的话，画面就显得非常的杂乱，而且会分不清主次。使用大光圈浅景深，使鸟儿清晰地与背景分离开来

光圈：f/5.6　快门速度：1/1 000s　感光度：ISO500
曝光补偿：+0.3EV

浅景深拍摄成排的石狮，只留下第一个清晰的石狮，后面的虚化掉了

光圈：f/2.8　快门速度：1/500s　感光度：ISO100
曝光补偿：+0

▶ 广角夸张减法

广角夸张减法是第2种摄影减法，摄影师在拍摄的时候需要搭配广角镜头，这种方式是充分利用广角镜头近大远小的透视变形效果。

在拍摄的时候，摄影师要尽量贴近想要表现的被摄对象，使物体在画面中占比较大的面积，并且占据比较重要的位置，这样就能达到弱化画面中其他拍摄对象、突出视觉主体的效果。

广角夸张减法在使用的时候和景深减法有很大的不同，由于广角镜头的成像特性，它的画面景深比较大，画面中的元素细节非常清晰，而且由于其视角比较宽广，会摄入很多的物体。

广角夸张减法主要是利用改变主体的大小来实现减法的。

广角俯视拍摄城市傍晚的风景，单个的建筑融入到整体画面中

光圈：f/32　快门速度：5s　感光度：ISO500
曝光补偿：+0

广角镜头拍摄女孩，近距离拍摄夸大了女孩的肢体，使得后面的背景变形，突出拍摄主体

光圈：f/6.3 快门速度：1/1000s
感光度：ISO200 曝光补偿：+0

由于摄影师使用的是广角镜头，马的身体有些变形。摄影师在拍摄时靠得足够近，使得运动员的身躯占了画面的很大一部分位置，马占的面积大了，自然其他的一些不重要的物体就小了，达到了突出主体，减少其他事物的干扰

光圈：f/16 快门速度：1/800s
感光度：ISO500 曝光补偿：+0

▶ 阻挡减法

阻挡减法看起来非常特别，而且在日常拍摄中用的频率也越来越多，但是使用这种方法需要摄影师有一定的眼力。

阻挡减法的构图方式可以用来对付一些难以突出主体元素的拍摄场景。

在很多拍摄场景，现场环境往往会显得非常地凌乱，将被摄主体置于其中很难显现出来，在这种情况下，摄影师就可以借用一个简单的物体，将画面中无关的内容遮挡起来，这样就能达到简化画面，突出主体的良好效果。

花朵的阻挡遮掩了背景中的景物，更加突出表现模特的面部表情

光圈：f/3.2 快门速度：1/1 000s 感光度：ISO100
曝光补偿：+0.3EV

遮挡法在拍摄人像的时候有着非常独特的作用，因为一般人不像服装模特那样，身体比例和五官比例都长得很标准，一般人总是有这样那样的缺陷和不足。

那么在拍摄的时候摄影师就要想办法展示出被摄者最美的一面，其中有一种方法就是遮挡法， 比如：被摄对象的小腹太大了，坐时小腹突出，显得很胖，摄影师就可以使用道具来对其进行遮挡，拿一束花放到小腹前面，这样不仅遮挡被摄者的缺陷，还可以起到美化画面的作用。

前景花草的遮挡，增加了画面的浪漫氛围

光圈：f/4 快门速度：1/250s 感光度：ISO100
曝光补偿：+0

模特的手搭在腿上，运用胳膊的弧度遮挡小腹，使身形更加完美

光圈：f/3.5 快门速度：1/500s 感光度：ISO100
曝光补偿：+0.3EV

3.7 寻找对比元素

在各种形式的艺术创作中，对比都是非常重要的一个创作手法，有一句古诗这样写道：“蝉噪林愈静，鸟鸣林更幽。”这句话的意思是：知了叫得很吵，这就显得森林更加地安静，因为只有森林安静了才能听到知了的叫声，后半句也是同样的意思，小鸟的叫声也只有在深幽安静的森林才能听的真切，这就是对比的作用。

在摄影中运用对比手法，可以强化画面的视觉效果，强调画面的视觉中心，把观众的注意力吸引到画面的主要部分。

下面我们就讲一下在摄影中经常会用到的对比手法。

▶ 明暗对比

明暗对比的运用在摄影创作中非常的常见，在画面比较暗的拍摄情况下，明亮的部分就会成为视觉的重点。

明亮的落日和远飞大雁的剪影形成强烈的明暗对比

光圈：f/16　快门速度：1/250s　感光度：ISO100
曝光补偿：+0

弯曲的砖墙在光线照射下成为黄色，暗绿色的植物与砖墙形成明暗对比

光圈：f/24　快门速度：1/100s　感光度：ISO100
曝光补偿：+0.3EV

摄影师在拍摄景物亮度差异大的环境时，要着重刻画亮部的拍摄主体，使用点测光模式测光，对主体进行适当的曝光。此时的背景会显得很暗，在拍摄出的照片里可能会更加的暗，因为数码单反相机使用的感光元件的宽容度远没有人眼那么大，可能很多人眼能看到的细节，相机的感光元件不能够记录下来，背景可能就变的一片黑暗，这样就能更好地衬托出被摄主体了。

▶ 远近大小对比

摄影虽然是一门平面艺术，但是它记录的却是三维的世界。在三维空间里，所有的物体都有自己的相对位置，这在人的眼睛里就产生了远近大小。

远近大小的对比，通常是用来表现属性相同的一类拍摄对象。摄影师在拍摄的时候可以调整自己的位置，改变拍摄对象个体之间体积和占用画面比例的差异，直到找出一个适合人眼视觉观看的效果为止。

俯视拍摄长城的台阶和绵延不断的城墙，近大远小的透视使画面更加深远

光圈：f/22　快门速度：1/200s　感光度：ISO100
曝光补偿：+0

近处的蒙古包细节清晰，占据画面较大面积，透视原理造成远处的蒙古包依次变小

光圈：f/24　快门速度：1/125s　感光度：ISO500　曝光补偿：+0

▶ 色彩对比

色彩对比有很多种，搭配起来非常的丰富，摄影师在构图的时候要注意色彩怎么搭配。经常见的配色方法有以下几种：

互补色搭配：这种搭配画面上的颜色看起来对比比较强烈。

冷暖色搭配：冷色调有远处的视觉感受，暖色调则显得比较近，这种搭配使得画面的空间感比较强，而且通透感也较好。

相邻色搭配：相邻色搭配的画面看起来比较和谐，过渡自然。

摄影师要知道以上色彩对比的特性，在实际拍摄的时候多多运用，有些情况下实际拍摄可能和理论不一致，摄影师要根据实际情况作出判断和取舍。

镀金的黄色石头与蓝色天空的对比，更加突出拍摄主体

光圈：f/16　快门速度：1/500s　感光度：ISO100
曝光补偿：+0

画面大面积的蓝黑色屋顶，凸显左下角的红色灯光

光圈：f/16　快门速度：1/50s　感光度：ISO500　曝光补偿：+0

▶ 动静对比

动静对比拍出的照片和别的对比拍出的照片不一样，这种对比看起来非常的精彩，在平面的瞬间艺术里展示了动作。动静对比在使用的时候不太好把握，难度最主要的是运动物体的轨迹。

有经验的摄影师通常会针对相对静止的物体测光，构好图，预判被摄主体的运动轨迹，在画面中给运动物体留出适当的位置，当被摄物体运行到该位置的时候，按下快门，这种守株待兔的方式往往可以获得成功。

根据骑车者的速度调整拍摄时相机的移动速度，跟随拍摄的方法使得运动员是清晰的，相对静止的树木成为运动的虚影

光圈：f/5.6　快门速度：1/800s　感光度：ISO100
曝光补偿：+0

佳能

EOS 5D Mark III

数码单反摄影从入门到精通

04

摄影高手的相机设置

"自定义功能1"菜单

"拍摄2"菜单

"拍摄3"菜单的设置

多元化的曝光模式

4.1 "自定义功能1"菜单

"自定义功能1"菜单下设有6个不同的功能子菜单，它们分别是："曝光等级增量"、"ISO感光度设置增量"、"包围曝光自动取消"、"包围曝光顺序"、"包围曝光拍摄数量"以及"安全偏移"。

▶ 曝光等级增量

"曝光等级增量"可用来决定光圈、快门速度、AEB包围、曝光补偿等设定的调整级数，可以根据需要选择1/3级或1/2级。等级幅度越小，越能精确地微调曝光值，幅度越大则越能快速改变曝光值。所以，一定要配合拍摄题材来选择最适合的调整等级，例如风景类题材可用1/3级，运动类则建议用1/2级的增量。

▲从"自定义功能"中选取"曝光等级增量"选项，按下SET按钮进入菜单设置页面

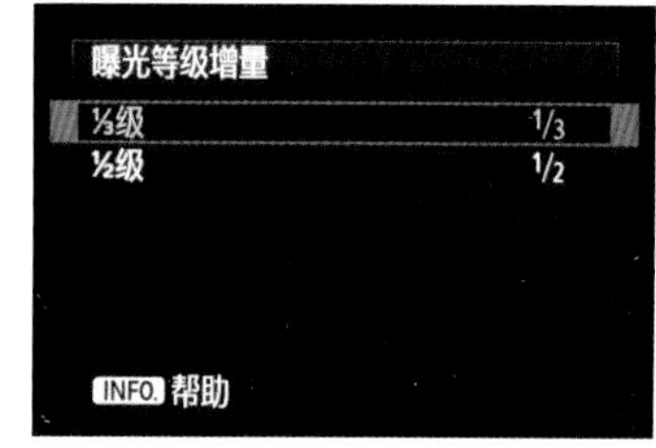

▲1/3级：将每个曝光等级分为3等分，由于曝光度的调整幅度较小，所以适合用于如风景、微距等可慢慢找出最佳曝光的拍摄场合

1/2级：把每个曝光等级分为2等分，像是在拍摄人像、运动、比赛等都需要快速反应的情况下，能迅速改变并立即到位的曝光调整

▲曝光欠一挡拍摄的图像

▲加一挡曝光（1/3级增量）拍摄后的图像，适合细致的拍摄

▲加一挡曝光（1/2级增量）拍摄后的图像，适合需要快速调整的拍摄类型

各调整级下的光圈、快门、包围/曝光补偿级数

	快门速度	光圈值	包围/曝光补偿
1/3级	1/50、1/60、1/80、1/100、1/125、1/160、…	2.8、3.2、3.5、4、4.5、5、5.6、…	0.3（1/3EV）、0.7（2/3EV）、1（1EV）之中选择
1/2级	1/45、1/60、1/90、1/125、1/180、1/250、…	2.8、3.3、4、4.8、5.6、6.7、8、…	0.5（1/2EV）、1（1EV）之中选择

▶ ISO感光度设置增量

ISO感光度设置增量可以设定调整ISO时的等级幅度，如果是以影响画质为主要考虑因素，那么就需要尽量避免噪点，除了使用低速ISO感光度之外，也可以使用1/3级。

但是由于1/3级的设定级数比较细，若想大幅度改变ISO感光度，需要调整的范围就更多，而此时即可将设置更改为1级，这么做就能够更快地变更ISO数值。举例来说，当ISO由100改变成为6 400时，1/3级的情况需要拨动转盘18次，而1级只需要转动6次。

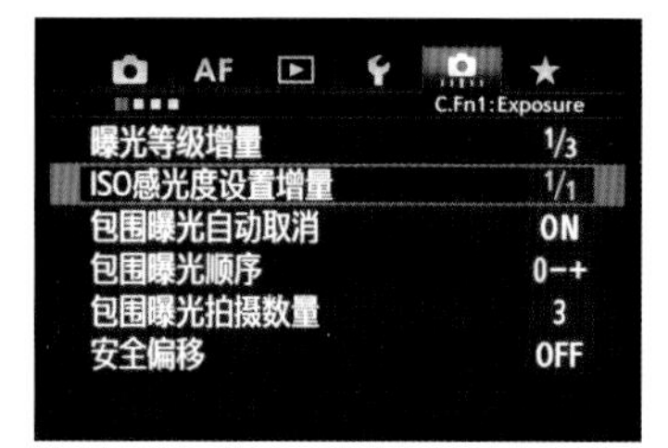

▲从“自定义功能”中选取“ISO感光度设置增量”选项，按下SET按钮进入菜单设置页面

▲该选项下设两个选项：1/3级及1级。

不同设置下ISO值的调整级数	
1/3级	100、125、160、200、250、320、400、500、640、800、1 000、1 250、1 600、2 000、2 500、3 200、4 000、5 000、6 400
1级	100、200、400、800、1 600、3 200、6 400

▲傍晚弱光线下运用低感光度ISO100拍摄的画面

▲换用较高感光度ISO640拍摄的画面，明显增亮很多

在树林中抓拍落叶的瞬间，需要高速快门拍摄，使用ISO1 000的高感光度，成功提高速度，完成拍摄

光圈：f/8　快门速度：1/500s　感光度：ISO1000　曝光补偿：+0

桥梁属于固定的景物，虽然在夜晚，但是对于速度没有要求，可以使用低感光度ISO50进行长时间曝光拍摄，从而得到优质的画面

光圈：f/24　快门速度：15s　感光度：ISO50　曝光补偿：+0

▶ 包围曝光自动取消

“包围曝光自动取消”设定AEB包围拍摄下的解除设置。“自动包围曝光”在制定包围区间之后，相机会依设定拍摄3张一组的照片，并以此为循环；若想要取消AEB功能，除了将自动包围曝光的包围区间“归零”外，还可以预设当关闭电源开关或开启闪光灯时连带清除AEB设定。

▲“包围曝光自动取消”功能位于“自定义功能1”菜单下第3位，使用速控转盘操作，按下SET按钮进入菜单设置页面

▲启用：当包围曝光自动取消设定为“开启”，当关闭电源开关或重设相机设定时，AEB设定将被清除

关闭：当“包围曝光自动取消”设定为“关闭”，就算是关闭相机、重新开机，原先的AEB设定仍有效

▶ 包围曝光顺序

包围曝光顺序是一个决定包围曝光或平衡包围，在拍摄时的包围顺序的功能。

包围曝光的顺序主要有：0、-、+；-、0、+，以及+、0、-三种。至于该使用哪种设定，这完全按照喜好来决定即可。

▲“包围曝光顺序”功能位于“自定义功能1”菜单下第4位，使用速控转盘操作，按下SET按钮，进入菜单设置页面

▲此功能下设有3个不同的选项，分别是：0、-、+；-、0、+，以及+、0、-

自动包围曝光、白平衡自动包围的包围顺序				
选项		正常、不足、过度	不足、正常、过度	过度、正常、不足
自动包围曝光		0、-、+	-、0、+	+、0、-
白平衡自动包围	AB方向	0、偏蓝、偏黄	偏蓝、0、偏黄	偏黄、0、偏蓝
	MG方向	0、偏红、偏绿	偏红、0、偏绿	偏绿、0、偏红

以“AEB包围曝光”为例：

【0、-、+】

▲正常

▲不足

▲过度

【－、0、＋】

▲不足

▲正常

▲过度

【＋、0、－】

▲过度

▲正常

▲不足

由上面的3组图像结果你能够发现：顺序上的差别对最终图像并不会产生任何影响，所以这里的设定只需要根据自己的需求或喜好来决定即可，只要自己清楚地记得哪些是应该属于同一组的，在查看图像的时候不要混淆就好。

► 包围曝光拍摄数量

此项功能可以将自动包围曝光和白平衡包围曝光拍摄数量从通常的3张更改为2张、5张或7张。

当设置包围曝光顺序为“0，－，＋”时，将以下表所示的顺序进行包围曝光拍摄。

C.Fn1:Exposure
曝光等级增量 1/3
ISO感光度设置增量 1/1
包围曝光自动取消 ON
包围曝光顺序 0-+
包围曝光拍摄数量 3
安全偏移 OFF

▲“包围曝光拍摄数量”功能位于“自定义功能1”菜单下第5位，使用速控转盘操作，按下SET键按钮进入菜单设置页面

包围曝光拍摄数量
3张 3
2张 2
5张 5
7张 7
INFO. 帮助

▲该功能下设有4个不同的选项，它们分别是：3张、2张、5张以及7张，使用速控转盘进行操作

包围曝光顺序（0、－、＋）							
	第1张	第2张	第3张	第4张	第5张	第6张	第7张
3张	标准（0）	-1	+1				
2张	标准（0）	±1					
5张	标准（0）	-2	-1	+1	+2		
7张	标准（0）	-3	-2	-1	+1	+2	+3

▶ 安全偏移

安全偏移功能可在光圈优先自动曝光（Av）或快门优先自动曝光（Tv）等拍摄模式下，或者在ISO感光度（P）拍摄模式下，决定是否以取得“正确曝光结果”为重，而让相机主动修正合适的曝光值。像在拍摄户外人像时，常会用大光圈（f/1.8）来营造很浅的景深效果，此时由于光线相当明亮，往往快门速度不够快（只有5D Mark III、5D Mark、7D最高可达1/8 000s），结果当然会产生曝光过度。

所以，此时将安全偏移功能设置为“开启”（快门速度/光圈），那么，当半按下快门按钮测光、对焦时，相机就会自动侦测主体的光量，从而修正原先的光圈值（Av模式）、快门速度（Tv模式）、ISO感光度（P挡模式），以获得正确的曝光。

▲“安全偏移”功能位于“自定义功能1”菜单下第6位，使用速控转盘操作，按下SET按钮进入菜单设置页面

▲OFF:关闭

Tv/Av：快门速度/光圈

当设置为Tv/Av时，安全偏移将在快门优先（Tv）和光圈优先（Av）模式下生效。当被摄体亮度发生变化而无法自动曝光范围内获得标准曝光时，相机将自动改变手动选择的设置以获得标准曝光

ISO：ISO感光度

当设置为ISO时，安全偏移将在程序自动曝光（P）、快门优先自动曝光（Tv）和光圈优先自动曝光（Av）模式下生效。当被摄体亮度发生变化而无法自动获得标准曝光时，相机将自动改变手动设定的ISO感光度设置，以获得标准曝光

大光圈拍摄户外人像，在没有开启“安全偏移”的情况下，不易于得到曝光正常的照片

光圈：f/2.8　快门速度：1/3 000s
感光度：ISO100　曝光补偿：+0

开启“安全偏移”，相机“聪明”很多，省去拍摄时带来的麻烦，得到曝光正常的照片

光圈：f/3.2　快门速度：1/800s
感光度：ISO100　曝光补偿：+0

4.2 “拍摄2”菜单

“拍摄2”菜单下设7个子菜单，它们分别是：曝光补偿/AEB、ISO感光度设置、自动亮度优化、白平衡、自定义白平衡、白平衡偏移/包围、色彩空间等功能。

▶ 曝光补偿/AEB

AEB的全称为Automatic Exposure Brackrting，意为“自动曝光”。相机通过自动更改快门速度或光圈值，可以用包围曝光（在±3级的范围内，以1/3级为单位调节）连续拍摄3张图像。

要启动自动包围曝光，应选择“曝光补偿/AEB”菜单项，然后可以选择设置曝光补偿量或自动包围曝光。按下SET按钮，然后使用主拨盘更改曝光值。可以使用速控转盘展开或收缩-2/+2标尺下面的3个圆点，直到定义好包围曝光需要覆盖的范围为止。启动自动包围曝光功能时，3张包围曝光照片将以下列顺序拍摄：标准曝光量、减少曝光量、增加曝光量。

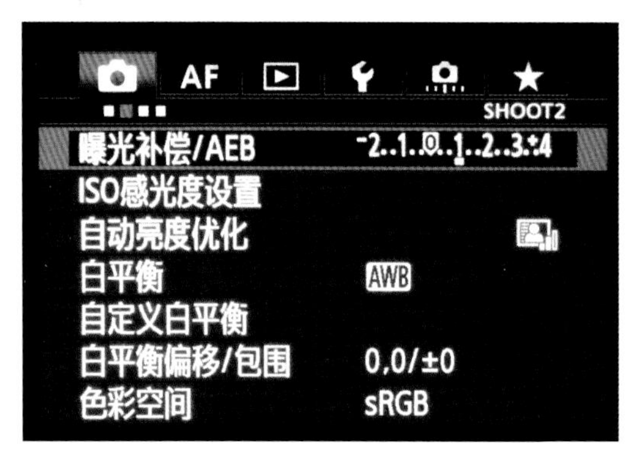

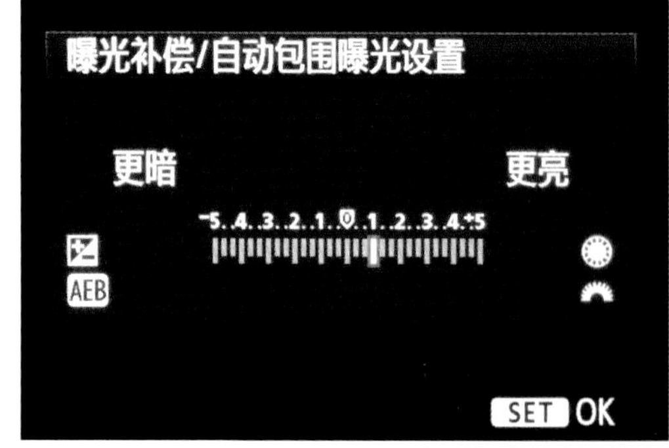

增加曝光量，画面整体呈现出纯净的高色调感，模特脸部和局部背景曝光过度，没有层次和质感

光圈：f/3.5 快门速度：1/500s
感光度：ISO100 曝光补偿：+1EV

标准曝光量，画面整体呈现出和谐的中度色调感，将人物的服装和背景色彩表现出来

光圈：f/3.5 快门速度：1/500s
感光度：ISO100 曝光补偿：+0.3EV

减少曝光量，画面整体呈现出暗沉的低色调感，人物的色彩表现欠佳

光圈：f/3.5 快门速度：1/500s
感光度：ISO100 曝光补偿：−0.7EV

▶ ISO感光度设置

感光度是调节曝光量的一种手法，在使用手动曝光的时候，感光度调整可作为增大或减小曝光值的便捷方法；在全自动或半自动模式中，感光度的调整可用来迅速设定等效的曝光值。

“ISO感光度设置”菜单位于“拍摄2”菜单下第2位。佳能EOS 5D Mark III相机卓越的高感光度拍摄功能是这款相机的亮点之一。

▲“ISO感光度设置”菜单

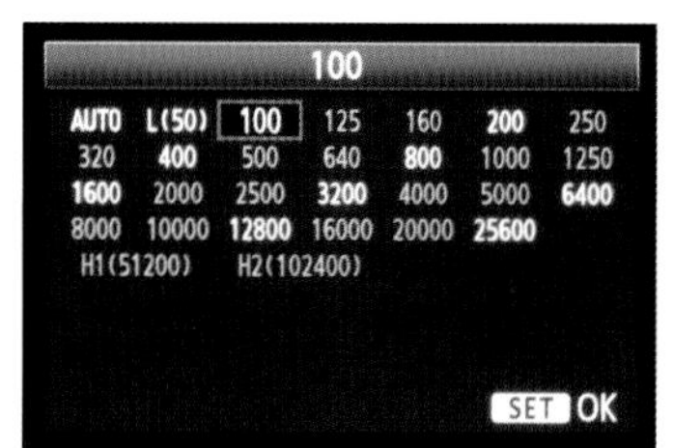

很多时候，摄影师会把这个选项忘掉，因为通常在进行某次拍摄的过程中只会设置一次ISO感光度值。EOS 5D Mark III相机提供了多样的ISO感光度以便选择，可根据自身需要来改变这些数值。

ISO50

光圈：f/6.7　快门速度：1/50s
感光度：ISO50　曝光补偿：+0.3EV

ISO100

光圈：f/6.7　快门速度：1/50s
感光度：ISO100　曝光补偿：+0

ISO200

光圈：f/6.7　快门速度：1/50s
感光度：ISO200　曝光补偿：+0

ISO400

光圈：f/6.7　快门速度：1/125s
感光度：ISO400　曝光补偿：+0

ISO800

光圈：f/6.7　快门速度：1/160s
感光度：ISO800　曝光补偿：+0

ISO1 600

光圈：f/6.7　快门速度：1/250s
感光度：ISO1 600　曝光补偿：+0

ISO3 200

光圈：f/6.7　快门速度：1/320s
感光度：ISO3 200　曝光补偿：−0.3EV

ISO16 000

光圈：f/6.7　快门速度：1/800s
感光度：ISO16 000　曝光补偿：−0.3EV

ISO25 600

光圈：f/6.7　快门速度：1/1 200s
感光度：ISO25 600　曝光补偿：−0.3EV

上面一系列的图像，很详细地体现出了佳能EOS 5D Mark III卓越的感光度拍摄功能。我们知道，当感光度数值被设置得越大，那么图像中出现噪点的概率就越大。但是 5D Mark III相机在兼具超高感光度的同时，也保证了画质。笔者刻意将ISO25 600的图像放大，正是为了说明这一点，可以看到，被放大的图像并没有出现明显的噪点，画质依旧细腻出众，几乎与前面低感光度的图像无异。

▶ 自动亮度优化

当拍摄的JPEG图像太暗或对比度太低时，使用这个功能可以提高图像的对比度和亮度（使用Digital Photo Professional软件可以对RAW格式的图像应用这些设置）。在使用PASM曝光模式时，可以选择的选项包括“关闭”、“弱”、“标准”、“强”。使用全自动模式时，将自动应用“标准”自动亮度优化。在手动或B门曝光模式中，该功能将不工作。

在这项操作中，速控转盘可以用来选择自动亮度优化的强度或“关闭”这项功能。按下SET按钮确认选择的结果。该功能对修复出现下类情况的图像非常有效：自动曝光不足、闪光灯输出不足；在逆光条件下，因EOS 5D Mark III相机的曝光系统收到“假信息”而使被摄体曝光不足；被摄体对比度比较低，如阴天拍摄的被摄体。可以从下列选项中选择自动亮度优化补偿量。

自动亮度优化：关闭

没有经过亮度和对比度调整的图像，色调偏暗

光圈：f/8　快门速度：1/125s
感光度：ISO100　曝光补偿：−0.3EV

自动亮度优化：标准

使用自动亮度优化标准后，画面明度加大，对比度加强，另外还有“弱”、“强”可供选择

光圈：f/8　快门速度：1/125s
感光度：ISO100　曝光补偿：−0.3EV

▶ 自定义白平衡

如果自动白平衡和可用的其他6个预设设置（“自动”、“日光”、“阴影”、“阴天/黎明/黄昏”、“钨丝灯”、“白色荧光灯”、“使用闪光灯”）都不合适，还可以使用“自定义白平衡”菜单项设置自定义白平衡。随后，只要使用前面描述的“白平衡”菜单中的“用户自定义”选项，相机就会应用已经创建的自定义设置。

为了在当前的环境光照明条件下，将白平衡设置为正确的色温，应当对平坦的白色或灰色物体（如墙壁等）进行手动对焦（把镜头上的对焦模式开关设置为MF），并确保被摄体能够占满取景器中心的点测光圈。然后，拍张照片，按下MENU按钮，从“拍摄2”菜单中选择“自定义白平衡”。旋转速控转盘，直至出现刚才拍摄的参考图像，随后按下SET按钮，便可以把该图像的白平衡设置存储为自定义设置。

01 选择自定义白平衡

“自定义白平衡”菜单在“拍摄2”菜单中的第5位，使用速控转盘选择之后按下SET按钮进入。

02 设置白平衡步骤一

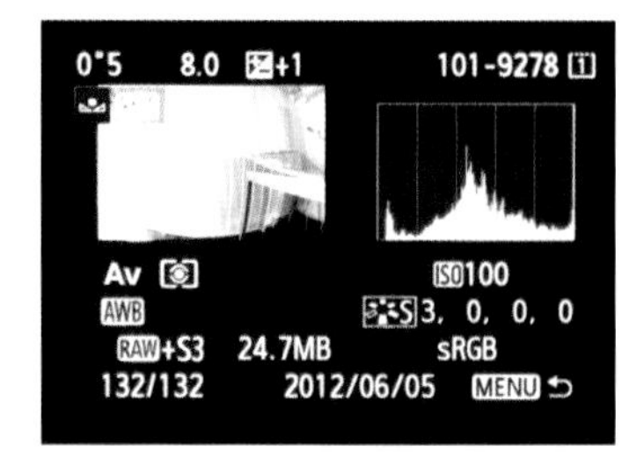

选择一个平坦的白色或灰色的物体拍摄一张照片，笔者这里选择了墙壁。

03 设置白平衡步骤二

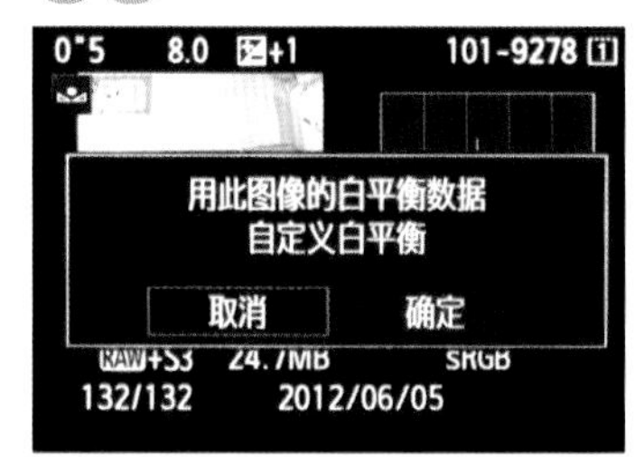

按下MENU按钮，旋转速控转盘找到“自定义白平衡”选项，然后继续转动速控转盘，寻找到刚才拍摄过的图像。

04 确认设置结果

将此图像的白平衡设置存储为自定义设置，按下SET按钮确认设置结果。

在室外傍晚光线下拍摄的人物肖像，然后保存白平衡，设置为自定义，画面色调偏暖色

光圈：f/6.3　快门速度：1/250s
感光度：ISO100　曝光补偿：+0

使用设置好的自定义白平衡拍摄正午阳光下的模特，得到偏暖色的图像

光圈：f/5.6　快门速度：1/1250s　感光度：ISO100　曝光补偿：+0

白平衡库

使用备用存储卡，在各种照明条件下拍摄空白卡片的一系列图像。如果希望“再利用”这些已保存起来的色温，可以把这些存储卡插入相机，并按照上面描述的方法，把“自定义白平衡”设置为白平衡库所包含的某幅图像的色温。

▶自定义白平衡、白平衡偏移/包围

利用白平衡偏移功能，可以沿着蓝色/琥珀色或者洋红色/绿色标尺，设置白平衡颜色偏移量（每个方向上都有9级矫正）。也就是说，可以把色彩平衡设置为略微偏蓝或偏黄色，还可以设置为略微偏红或者偏绿色，或者同时进行偏移。还可以进行白平衡包围曝光，连续拍摄若干照片。每张照片的色彩平衡都在指定的方向上进行偏移，因而略有不同。

AF
SHOOT2
曝光补偿/AEB　-2..1..0..1..2..3.+4
ISO感光度设置
自动亮度优化
白平衡　AWB
自定义白平衡
白平衡偏移/包围　0,0/±0
色彩空间　sRGB

▲“白平衡偏移/包围”选择项位于“拍摄2”菜单下的第6位。按下MENU按钮进入“拍摄2”菜单界面，旋转速控转盘至“白平衡偏移/包围”选项后，按下SET按钮即可进入选项，调整好所需要的数值之后，按下SET按钮确认修改结果

在右图上你能够将这一功能的工作过程看得非常清楚。线段BA与GM的中心交点是零偏移点。利用多功能控制键，可以把这个位于交点的偏移点移动到使用蓝—黄/琥珀以及绿—红色坐标的图表上的任意一个位置。偏移量将显示在图表右侧的“偏移”框内。

白平衡包围曝光与白平衡偏移类似，只是包围曝光量将沿着指定的偏移轴变化。右图中的三个方块表明，白平衡包围曝光将沿着蓝—黄/琥珀轴以2级为增量进行。包围曝光量显示在图标右下侧的包围框内。

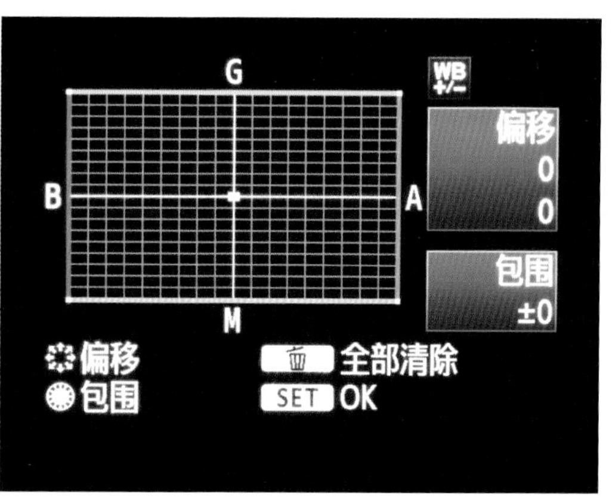

▲选中“白平衡偏移/包围”菜单项时，相应地调整屏幕就会出现在相机的LCD液晶显示屏上面。首先先转动速控转盘，在绿色/洋红色轴或者蓝色/琥珀色轴上设置偏移范围（左旋可以改变表示各个曝光值的3个圆点的垂直间隔；而右旋可以改变它们的水平间隔）。然后，使用多功能控制钮在绿色/洋红色轴或者蓝色/琥珀色轴以外的色彩空间内移动包围曝光设置

偏向绿色方向的白平衡

光圈：f/8	快门速度：1/250s
感光度：ISO100	曝光补偿：+0

偏向红色方向的白平衡

光圈：f/8	快门速度：1/250s
感光度：ISO100	曝光补偿：+0

偏向蓝色方向的白平衡

光圈：f/8	快门速度：1/250s
感光度：ISO100	曝光补偿：+0

拍摄清晨的草原，设置白平衡偏移向蓝色方向，可以得到更漂亮的画面

光圈：f/11　快门速度：1/250s　感光度：ISO100　曝光补偿：+0.3EV

在拍摄绿色草原时，设置向绿色方向，使得拍摄出的草原更加翠绿

光圈：f/16　快门速度：1/800s　感光度：ISO200　曝光补偿：+0.3EV

4.3 “拍摄3”菜单的设置

佳能EOS 5D Mark III的第3个“拍摄”菜单下，设有7个功能子菜单，它们分别是：照片风格、长时间曝光降噪功能、高ISO感光度降噪功能、高光色调优先、除尘数据、多重曝光以及HDR模式，其中，照片风格、多重曝光以及HDR模式是都属于创意拍摄模式，如果能够掌握并灵活使用这些功能，将会拍摄出令人称奇的好照片。下面，让我们一起进入“拍摄3”菜单。

▶ 照片风格

在自定义佳能EOS 5D Mark III相机渲染照片的方式时，“照片风格”是很重要的工具之一。“照片风格”是属于微调工具，通过对照片应用特定的照片风格设置，可以改变所拍摄图像的部分特征。就全彩色图像而言，可以指定的参数包括锐度、对比度、饱和度和肤色的色调。对于黑白图像来说，可以调整锐度和对比度，但两种颜色调整已被替换成对滤镜效果和色调效果（褐、蓝、紫、绿）的控制。

佳能EOS 5D Mark III相机有6种预设的彩色照片风格，即“自动”、“标准”、“人像”、“风光”、“中性”以及“可靠设置”；有3种用户定义的设置，分别名为“用户定义1”、“用户定义2”、“用户定义3”。用户可以设定这3种风格，使其适用于所需的拍摄情景。此外，还有一种“单色”照片风格，可用于调整滤镜效果，或者给黑白图像添加色调。

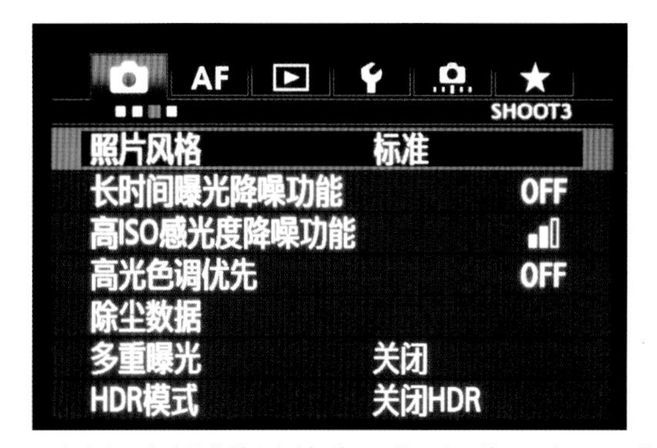

▲在这个可滚动的菜单上包括9种不同的照片风格，图中显示了前6项，后面还有3项没有显示

技巧·提示

如同“色彩空间”菜单项一样，“照片风格”也只能直接应用于使用半自动/手动曝光模式（P、Tv、Av、M和A-DEP）拍摄的JPEG图像。当使用自动模式时，EOS 5D Mark III相机将自动选择“标准”照片风格。把RAW、sRAW或mRAW图像导入图像编辑器的时候，可以把这样的照片调整为任意一种照片风格。

照片风格的4个可调选项

01 锐度

该参数决定着图像中轮廓或边缘之间的外观反差——这就是我们察觉到的图像锐度。可以在0（锐度不增加）~7（锐度显著增加）之间调整图像的锐度。如果过度锐化图像，图像的边缘周围就可能出现有害的“光晕”。所以，在调整锐度的时候要谨慎。

02 对比度

调整范围为-4（低反差）~+4(高反差）的对比度控制，可以改变最深黑色与最亮白色之间的中间调数值。低对比度设置可以拍出外观比被摄体漂亮的照片，高对比度设置可以改善色调的再现效果，但有可能导致阴影或高光区域中的细节丧失。

03 饱和度

这个参数可从-4（低饱和度）~+4（高饱和度）进行调整，控制着颜色的鲜艳程度。举例来说，当提高红色的饱和度时，图像上的红色将会显得更深，更饱满，如果降低红色的饱和度，它们将趋向于变成更浅的粉红色。过多提高饱和度，可能意味着一个或多个颜色通道中的细节丧失，从而产生所谓的“修剪现象”。利用RGB柱状图，可以检测是否会有“修剪现象”产生。

04 肤色的色调

这种调节对人物肤色的影响是最大的，可使肤色偏红（0~-4）或者偏黄（0~+4）。

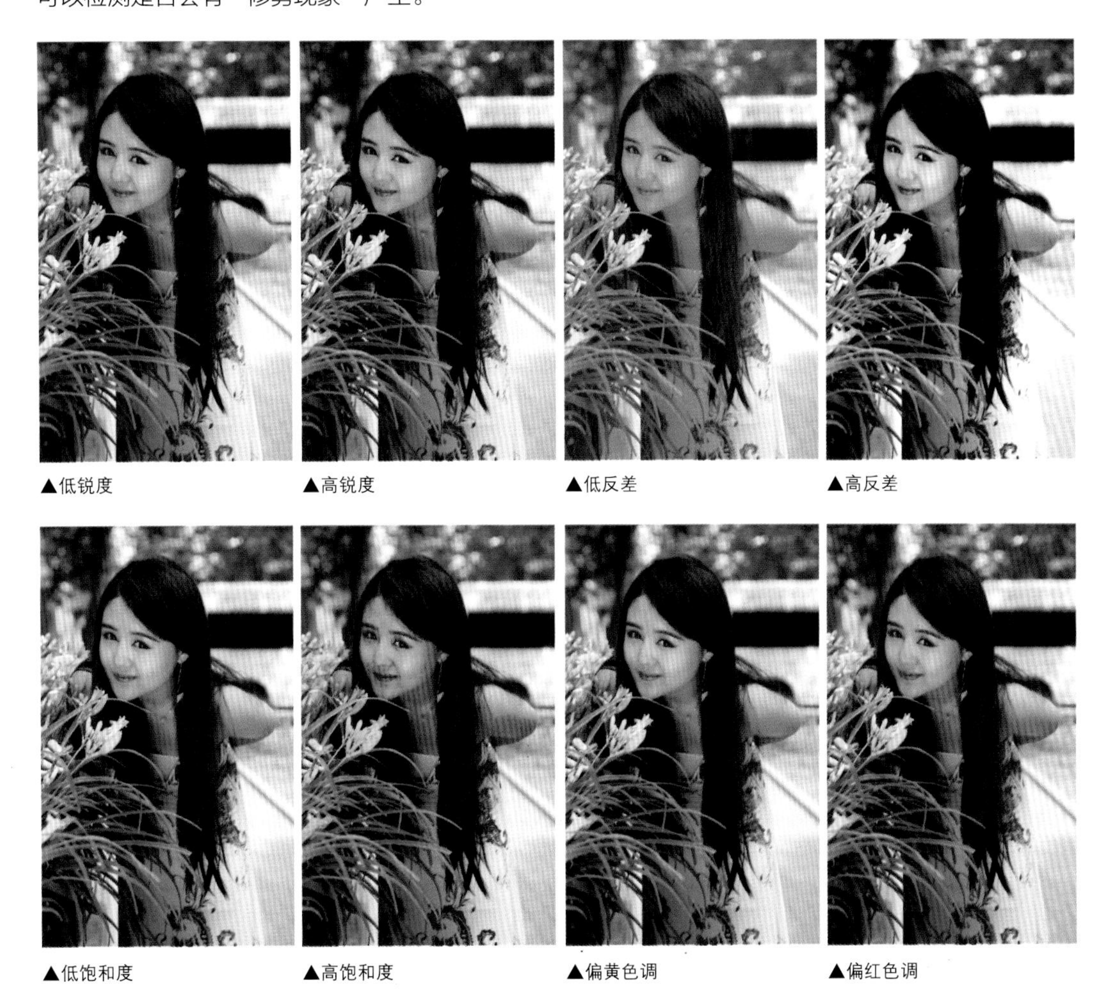

▲低锐度　▲高锐度　▲低反差　▲高反差

▲低饱和度　▲高饱和度　▲偏黄色调　▲偏红色调

以上这些照片分别演示了彩色图像照片风格的主要参数调整。左上、右上、左下和右下的每一对照片分别对应的是锐度、对比度、饱和度及色调。由于是要用作说明解释，所以笔者使用的这些图像都是经过加工及夸张效果的，以夸张的图像形式说明了照片风格，前4项属性（适用于彩色照片）的示例，在印刷页面上很难表现出来。

预定义的照片风格如下所述。每种风格的4个参数都有一个内置的偏移，所以针对两种不同的照片风格进行相同的设置以后，未必就会产生相同的结果。例如“标准”风格的饱和度默认值为0，“人像”风格的饱和度默认值也是0，但是，与“标准”风格的0相比，“人像”风格的0具有较高的饱和度。在仅仅使用预定义照片风格时，这些变化都应当考虑到。虽然“中性”和“可靠设置”风格的锐度、对比度、饱和度和色调都有0这个设置，但是它们的“外观”差别很大。

01 自动

照片风格	◐,◐,♣,◑
A 自动	3,0,0,0
S 标准	3,0,0,0
P 人像	2,0,0,0
L 风光	4,0,0,0
N 中性	0,0,0,0
F 可靠设置	0,0,0,0
INFO 详细设置	SET OK

色调将被自动调节以适合场景，尤其对于蓝天、绿色植物，以及自然界的日落、室外和日落场景，色彩会显得生动。

使用“自动”模式拍摄的人像，色彩艳丽、生动

光圈：f/11　快门速度：1/2000s　感光度：ISO100　曝光补偿：+0

02 标准

照片风格	◐,◐,♣,◑
A 自动	3,0,0,0
S 标准	3,0,0,0
P 人像	2,0,0,0
L 风光	4,0,0,0
N 中性	0,0,0,0
F 可靠设置	0,0,0,0
INFO 详细设置	SET OK

这是默认的照片风格，几乎适用于所有场合，它会使图像显得鲜艳、清晰、明快。

在拍摄时，如果拿不准的话，就用“标准”模式

光圈：f/16　快门速度：1/200s　感光度：ISO100　曝光补偿：+0

03 人像

照片风格	◐,◐,♣,◑
自动	3,0,0,0
标准	3,0,0,0
人像	2,0,0,0
风光	4,0,0,0
中性	0,0,0,0
可靠设置	0,0,0,0
INFO. 详细设置	SET OK

该风格能够提高图像的饱和度，使人像照片中的颜色显得更加鲜艳——这对女士和儿童照片特别有益，还会略微降低锐度，使皮肤纹理更加漂亮。在为男士或老人拍摄时，假如希望人物显得更粗犷、阳刚，或者强调出老人脸部的皱纹，建议使用可靠的设置选项。

使用“人像”风格拍摄的人物皮肤很细腻，因为该风格的锐度有少许的降低，拿来拍摄女士是再好不过的

光圈：f/5.6　快门速度：1/2 000s　感光度：ISO100　曝光补偿：+0

04 风光

照片风格	◐,◐,♣,◑
自动	3,0,0,0
标准	3,0,0,0
人像	2,0,0,0
风光	4,0,0,0
中性	0,0,0,0
可靠设置	0,0,0,0
INFO. 详细设置	SET OK

该照片风格将提高蓝色与绿色的饱和度，同时提高颜色饱和度和图像锐度，以获得更生动的风景照。应用于这种风格的默认设置是锐度为4，对比度为0，饱和度为0，色调为0。

使用“风光”风格拍摄的照片，画面色调丰富，颜色艳丽，清晰且生动

光圈：f/16　快门速度：1/100s　感光度：ISO100　曝光补偿：+0

05 中性

照片风格 ◐,◐,&,◐
S 标准 3,0,0,0
P 人像 2,0,0,0
L 风光 4,0,0,0
N 中性 0,0,0,0
F 可靠设置 0,0,0,0
M 单色 3,0,N,N
INFO 详细设置 SET OK

这是标准照片风格的低饱和度、低对比度的版本。当想要让图像具备更柔和的外观，或者当拍摄的照片似乎过于明亮，而且反差太强时，可使用“中性”照片风格。

当太阳光非常强烈的时候，使用“人像”风格会使照片看上去反差过强，此时可以使用“中性”风格来拍摄，得到的画面会柔和得多

光圈：f/24 快门速度：1/200s 感光度：ISO100 曝光补偿：+0

06 可靠设置

照片风格 ◐,◐,&,◐
P 人像 2,0,0,0
L 风光 4,0,0,0
N 中性 0,0,0,0
F 可靠设置 0,0,0,0
M 单色 3,0,N,N
1 用户定义1 标准
INFO 详细设置 SET OK

该照片风格的目的是按照大致与人眼所见相同的关系，尽可能正确地渲染图像的颜色，非常适合于偏爱用计算机处理图像的用户。在5 200K的日光色温下拍摄主体时，相机根据主体颜色调节色度，图像会显得很柔和。

在5 200K的日光色温下拍摄主体时，相机根据主体颜色调节色度，图像会显得阴暗并且柔和

光圈：f/4 快门速度：1/2 500s
感光度：ISO100 曝光补偿：+0

07 单色

照片风格	◐,◐,◕,⊘
风光	4,0,0,0
中性	0,0,0,0
可靠设置	0,0,0,0
单色	3,0,N,N
用户定义1	标准
用户定义2	标准
INFO. 详细设置	SET OK

使用该照片风格，可以在相机中创建黑白照片。如果只拍摄JPEG图像，颜色将永远消失。但是，如果拍摄的是JPEG+RAW、sRAW、mRAW图像，那么在把图像导入后期编辑软件时，即使拍摄时使用的是单色风格，照片仍然可以转换成彩色图像。在回放期间，相机会以黑白色调来显示图像。

黑白色调往往能够给图像带来一丝神秘的感觉，摒弃了过多的色彩，以单色的形式呈现出树木和冰面独特的形态，为画面效果增加了气氛

光圈：f/8　快门速度：1/20s
感光度：ISO100　曝光补偿：+0.7EV

滤镜与色调

虽然部分颜色选择是重叠的，但选择“滤镜效果”与“色调效果”将获得差别很大的外观。滤镜效果不会给单色图像添加柔和颜色，而会产生借助彩色滤镜拍摄的黑白胶片外观。也就是说，黄色滤镜会使天空变暗，突出云彩；橙色滤镜使天空变得更暗，落日细节更明显；红色滤镜产生的天空最暗，并且使带有绿色的物体变暗，人体皮肤会变得较浅；绿色滤镜对树叶等有相反的影响，会使它们的色调变浅。

右图所示的分别以“无滤镜（左上）”、“黄色滤镜（右上）”、“绿色滤镜（左下）”，以及“红色滤镜（右下）”拍摄的同一场景。

08 用户定义

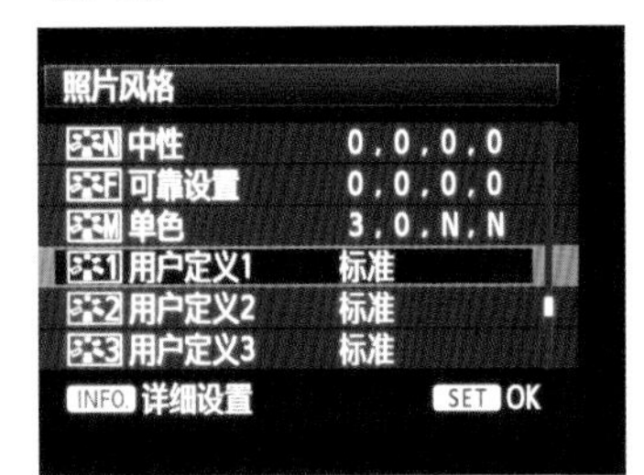

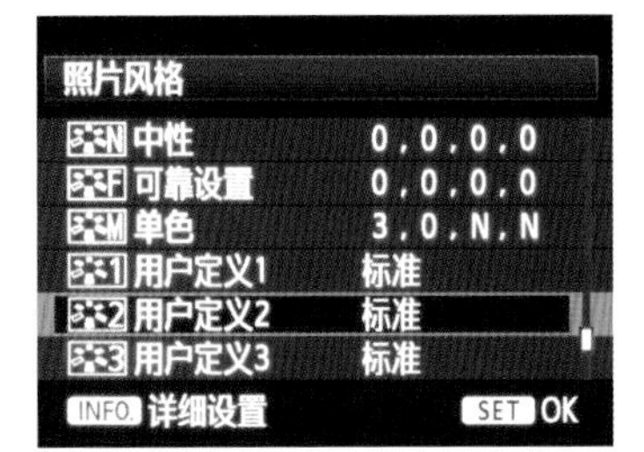

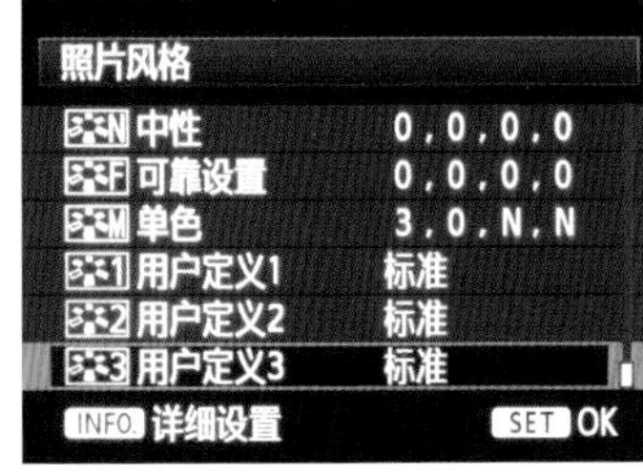

佳能公司使解释和调整当前照片风格的设置变得十分简单。可见照片风格的当前设置在菜单屏幕上是以数值形式显示的。有些相机厂商使用的是难以关联的描述性文字，如“锐利”、“格外锐利”、“鲜艳”、“格外鲜艳”等。而EOS 5D Mark III相机的照片风格设置都是统一标尺上的数值，其中锐度共有7级，从1~7，而对比度和饱和度两项设置在以0为中点的正负两个方向上各有4级（因此可以从表示低对比度/低饱和度的-4调整到代表高对比度/高饱和度的+4），色调设置也是如此的，从-4/偏红色到+4/偏黄色。只要能够看到“拍摄3”菜单的“照片风格”子菜单，即可更改现有照片的风格或定义自己的照片风格。无论液晶监视器上出现哪个屏幕，只需要按下“INFO”按钮，即可对参数机型调整。

技巧·提示

（1）使用速控转盘，滚动到希望调整的照片风格。

（2）按下“INFO”按钮，选择“详细设置”。如果是从“拍摄”菜单开始，那么对于6种彩色照片风格及3种自定义风格来说，接下来出现的屏幕将与右图相同。如果是通过首先按下“照片风格选择”按钮进入调整屏幕，屏幕外观应与右图大致相同，只是高亮光标由红色变为蓝色。

（3）使用速控转盘，在4个参数及“默认设置”中间滚动。“默认设置”按钮位于屏幕的底部，其功能是将当前风格的设置恢复为预设值。

（4）按下“SET”按钮，更改某个参数的值。如果要重新定义某种预设照片风格，菜单屏幕将与右图相似，该图目前是“风光”照片风格的“详细设置”屏幕。

（5）使用速控转盘，把三角形移到希望使用的数值上。注意，以前的值仍然留在标尺上，只是现在由灰色三角形表示。这样，就可以在需要时轻松地返还原始设置。

（6）按下“SET”按钮，锁定新值，并反复按下“MEUN”按钮3次，退出菜单系统。

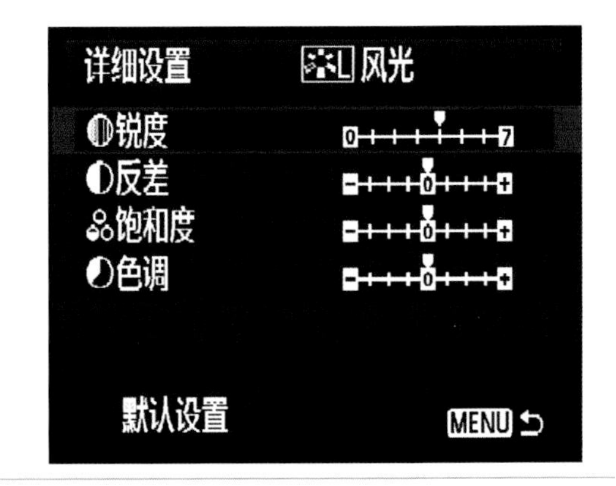

结合不同场景进行调整，本幅图需要的是加大光比，减少色彩的饱和度

光圈：f/8　快门速度：1/250s　感光度：ISO100　曝光补偿：+0

在花丛中拍摄，需要花朵的色彩是艳丽的，提高色彩饱和度更加符合主题

光圈：f/11　快门速度：1/2 000s　感光度：ISO100　曝光补偿：+0

▶ 长时间曝光降噪功能

长时间曝光是摄影师常用的一种曝光手法。在曝光时间长达数秒之久的情况下，即使非常熟悉的场景也会显得十分不同。长时间曝光可使移动的发光对象产生拖尾现象。在刚能看清楚周围物体的亮度等级之下，对表面乌黑的对象进行超长时间的曝光，可以揭示出某些有趣的情景。

但是长时间曝光的弊端在于可能会出现很多的噪点。EOS 5D Mark III相机的长时间曝光降噪功能能够有效地改善这一现象。

AF SHOOT3
照片风格 标准
长时间曝光降噪功能 OFF
高ISO感光度降噪功能
高光色调优先 OFF
除尘数据
多重曝光 关闭
HDR模式 关闭HDR

01 关闭

长时间曝光降噪功能
关闭 OFF
自动 AUTO
启用 ON
为曝光1秒或以上的图像应用降噪
INFO. 帮助

选择该选项，将长时间曝光降噪功能关闭。

02 自动

长时间曝光降噪功能
关闭 OFF
自动 AUTO
启用 ON
为曝光1秒或以上的图像应用降噪
INFO. 帮助

对于1s或者更长的时间曝光，如果检测到长时间曝光噪点，会自动执行降噪。该自动设置在大多数情况下有效。

03 启用

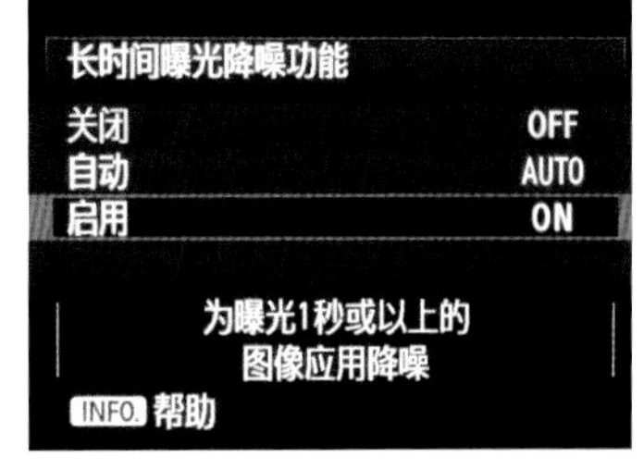

对所有1s或更长时间的曝光都进行降噪。“启用”设置可能会减少自动设置检测不到的噪点。

流动的水经过长时间曝光后，像丝绸一样在画面中呈现出来

光圈：f/22　快门速度：20s　感光度：ISO100　曝光补偿：+0

日照金山是很多摄影爱好者的最爱，对拍摄时机的把握非常重要

光圈：f/24　快门速度：5s　感光度：ISO100　曝光补偿：+0

▶ 高ISO感光度降噪功能

一般认为，感光度越高，画面越粗糙，噪点越多；感光度越低，画面越细腻，噪点越少。尽管这是关于摄影的常识，但是在现实的拍摄过程中我们往往会遇到必须使用高感光度的拍摄场合，例如展会等，这样的场合不允许出现闪光灯，随时携带三脚架确实有些笨拙，此时我们就需要通过提高感光度来控制曝光量及快门速度。

高ISO感光度降噪功能能够很有效地降低图像中产生的噪点，在高感光度的同时保证画面质量依旧清晰、细腻。

虽然降噪功能应用于所有ISO感光度，但在使用高ISO感光度时特别有效。在低ISO感光度时，阴影区域的噪点会进一步降低，但是至少可以保证的是，出现这种情况并不影响画面质量。

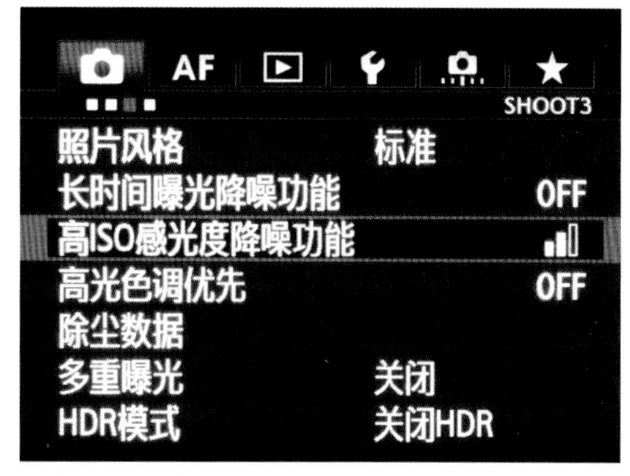

▲“高ISO感光度降噪功能”位于“拍摄3”菜单下第3位，使用速控转盘即可轻松操作，按下“SET”按钮进入菜单设置页面

降噪功能按照强度的大小分为4挡，如右图所示，即为标准、弱、强、关闭。在进入参数设置页面时，依旧使用速控转盘来选择所需要的降噪强度，按下“SET”按钮为确认选择结果，这些步骤全部都设置完成之后，即可开始拍摄了。可以在拍摄过程中依据自己的需要随时进行调整。

如果使用EOS 5D Mark III相机来回放RAW格式的图像时，高ISO感光度降噪功能的效果可能看上去并不明显。此时软件可使用Digital Professional查看降噪效果。

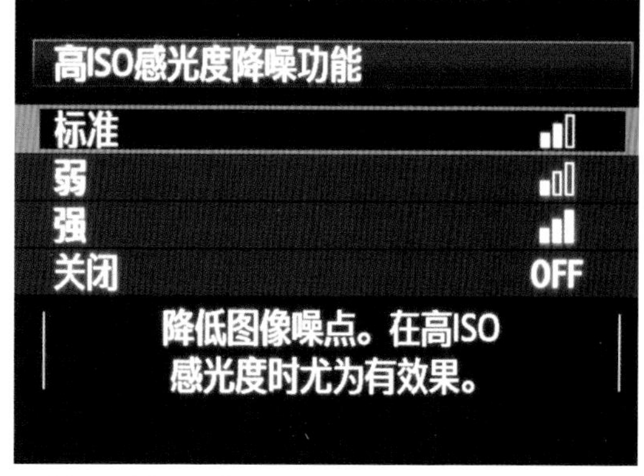

▲“高ISO感光度降噪功能”菜单下共设有“标准”、“弱”、“强”3个等级，并可以“关闭”

从胶片时代开始，伴随高感光而来的必然是繁杂的噪点以及粗糙的画质，很多摄影师面对高感光度总是又爱又恨，甚至是干脆放弃高感光度这一选项。而佳能EOS 5D Mark III相机卓越的高感光度降噪功能改变了这一现状，在保持ISO高感光度的同时，兼具清晰细腻的画质，无论在任何场合下，拍摄都可以变得如此轻松自得

光圈：f/16　快门速度：1/30s　感光度：ISO3200　曝光补偿：+0

拍摄古镇商业街道的夜景，在没有三脚架的情况下，需要提高感光度，这样才能够抓拍下运动的人物，以增添画面生机

光圈：f/13　快门速度：1/100s
感光度：ISO6 400　曝光补偿：+0

4.4 多元化的曝光模式

佳能 EOS 5D Mark III相机顶部左侧有一个模式转盘，通过转动它来选择更改拍摄模式。这个小小的转盘上面有9个图标，代表了7种不同的曝光模式，能够让你在不同的场合中都能够拍摄的得心应手。下面详细地图解这些不同的拍摄模式。

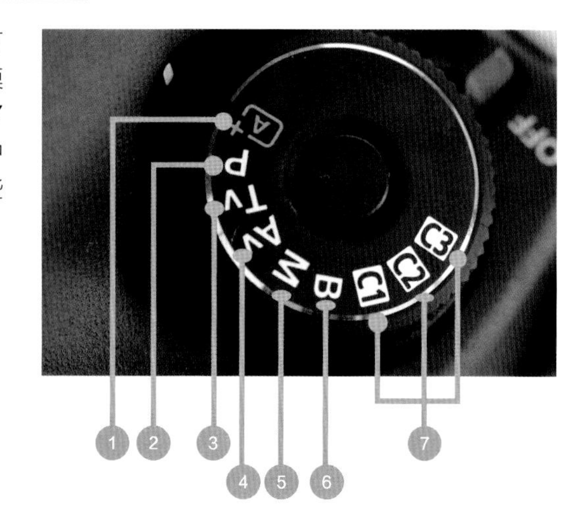

1 场景智能自动

这个图标代表了一种全自动模式。在选择这种模式之后，相机能够自动分析场景并设定最佳设置，通过检测被摄体的状态（静止或移动），能够自动调节对焦。

场景自动模式下拍摄的旅游纪念照

光圈：f/8 快门速度：1/1 000s
感光度：ISO100 曝光补偿：+0

2 程序自动曝光

相机自动设置快门速度和光圈值以适应主体的亮度，这就是程序自动曝光的功能。这个模式非常容易操作，所以也常被称作是“傻瓜”模式。

程序自动曝光多为初学者进行练习拍摄时使用

光圈：f/3.5　快门速度：1/500s　感光度：ISO400　曝光补偿：+0

3 快门优先自动曝光

选择这种模式，快门速度由你决定，相机会根据被摄体的亮度自动设置光圈值以获得准确曝光。较高的快门速度适合用来拍摄动态的物体和人物，能够将被摄体的动作清晰地拍摄下来。

快门优先自动曝光多用来抓拍运动的景物或人物

光圈：f/11　快门速度：1/500s
感光度：ISO600　曝光补偿：+0

4 光圈优先自动曝光

这是最常用的模式。选择这种模式之后，光圈大小你来决定，相机会按照被摄体的亮度自动设置快门速度，以获得准确的曝光。

光圈优先模式拍摄有助于控制景深

光圈：f/2.8　快门速度：1/500s　感光度：ISO100　曝光补偿：+0

5 手动曝光

为了得到创意效果，或者在影室内使用闪光灯拍摄时，可以选择此模式进行拍摄，光圈值和快门速度可以按照你的需要来设置。手动模式是专业摄影师都会使用的拍摄模式。

手动曝光多用在风景和影棚内闪光灯下的拍摄

光圈：f/13　快门速度：1/125s　感光度：ISO200　曝光补偿：+0

6 B门曝光

将拍摄模式设为B门之后，持续地完全按下快门按钮时，快门保持打开，释放快门按钮时快门关闭，这就是B门曝光。此模式适合拍摄夜景、烟火、天体等需要长时间曝光的主体。

B门属于长时间曝光，根据拍摄者的需要可以进行无限时曝光

光圈：f/30　快门速度：1/3 600s　感光度：ISO100　曝光补偿：+0

7 自定义拍摄模式

可以将拍摄模式、菜单功能和自定义功能设置等相机设置作为自定义拍摄模式注册在模式转盘的C1～C3位置中。

在设置菜单（带有扳手图标）选择“自定义片拍摄模式（C1～C3）”，然后按下SET按钮。

转动速控转盘，选择“注册设置”后按下SET按钮。

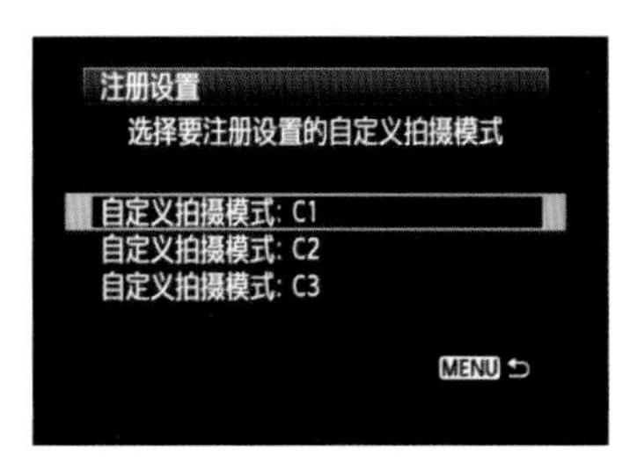

转动速控模式转盘选择要用于注册的自定义拍摄模式，然后按下SET按钮。在确认对话框上选择“确定”并按下SET按钮。当前相机设置就会被注册到模式转盘C1~C3位置下，使用时只需将模式转盘转动至C1~C3位置即可。

根据拍摄现场的实际情况和拍摄者的想法进行设置

光圈：f/22　快门速度：15s
感光度：ISO50　曝光补偿：+0

05

佳能EOS 5D Mark III摄影实拍技法

风光摄影
人像摄影
建筑摄影的拍摄技巧
城市灯光与夜景的拍摄技巧
花卉摄影
宠物摄影
城市街头摄影
展场摄影

5.1 风光摄影

▶ 日出日落的拍摄技巧

我们生活的世界离不开太阳，很多摄影师也愿意用自己的相机歌颂太阳，但是对于初学者来说，是有一定难度的。

首先摄影师应该有一个大概的想法，是想表现日出日落时气吞山河的壮阔大场景，还是要让太阳本身作为画面的主体。有了这些想法是要让摄影师明确自己要选用什么样的镜头，大场景时选用广角镜头，中景则可以使用标准镜头，特写则需要用长焦镜头。

以芦苇为前景拍摄落日时的场景

光圈：f/6.3　快门速度：1/500s
感光度：ISO1000　曝光补偿：+0

广角镜头拍摄的照片更多展示的是气势磅礴的场景

光圈：f/16　快门速度：1/100s　感光度：ISO600　曝光补偿：+0

其次是对于太阳的正确曝光。大家都知道中午时分的太阳是最炎热的，所以在中午的时候尽量不要拍摄太阳，以免损毁相机。我们以日出和日落时候的太阳为例，由于太阳自身是个能量强大的发光体，它的亮度和周围的光线相差会很大，很容易就会蒙骗了相机的测光系统，如果摄影师以太阳自身为测光基准，拍出来的画面一定是曝光不足的，可能就只有太阳和它周围的部分能被记录下来。

按照太阳周围的云彩曝光，画面细节丰富

光圈：f/11　快门速度：1/250s　感光度：ISO800
曝光补偿：+0

由于相机的测光系统是以18%灰为测光基准的，所以摄影师应该在测光的时候避免以太阳本身测光，可以按照太阳上方或者周围的其他不是特别亮的地方测光，然后用相机的包围曝光功能获取合适的曝光值。在拍摄的时候，摄影师还可以按照不同的曝光值多拍几张，这样能大大提高拍摄的成功率。

同一场景，清晨

光圈：f/16　快门速度：1/100s　感光度：ISO100
曝光补偿：+0

同一场景，傍晚

光圈：f/16　快门速度：1/100s　感光度：ISO100
曝光补偿：+0

▶ 山景拍摄技巧

山中的光线比较复杂，经常会遇到天空过曝，或者阴影处没有细节。使用渐变灰滤镜，可以平衡天空与地面风景的曝光，得到更加精彩的照片。

在拍摄中，可以背对太阳，用顺光来消除面前山景的阴影。不过，这样做的结果可能会在地上产生树木或其他物体的影子。要避免这些不自然的影子并不容易，可以将构图安排在湖水或溪流旁边。

气势庞大的场景震撼人心，所以拍一些这样的照片。有时山上的树会非常高，以至于难以拍摄完整，此时可以使用竖幅构图。

竖画幅拍摄山峰显得更加雄伟挺拔

光圈：f/24　快门速度：1/1000s　感光度：ISO100
曝光补偿：+0.3EV

横画幅拍摄的山脉使画面水平延伸，显得非常开阔，也使观看者能更多地了解到山脉周围的环境

光圈：f/22　快门速度：1/500s　感光度：ISO100　曝光补偿：+0

通常来说， 当人们站在山脚下拍摄的时候，视角比较一般，也就是我们平时看到的山脉的样子。摄影师可以尝试改变一下自己的视角，比如将相机机位降低，使用广角镜头拍摄，如果此时再使用横画幅拍摄，纳入到画面中的山脉也比较多，显得山脉连绵不绝；但是如果是使用竖画幅拍摄，山脉会变得非常的雄伟高大。除了尝试低角度拍摄外，摄影师还可以使用高角度拍摄，这就需要摄影师跋山涉水地寻找制高点了。当你爬到最高点的时候， 一定会被眼前的景观震惊的，起伏连绵的山脉就像是大海的波浪，如果有云彩翻腾穿梭其中，则更加的气势磅礴，此时的画面会非常的有层次，效果非常的好。当摄影师找到合适角度的时候，还需要考虑另一件事情，那就是光线。不同的光线能带给画面不同的感觉，顺光拍摄的时候，画面会非常的明亮，整个画面的色彩饱和度也比较高，但是立体感会差点；侧光拍摄则比顺光拍摄的时候立体感要强，它会将山脉的线条勾勒出来，山脉很有层次；逆光拍摄的时候，山脉的大部分面积处于阴影当中，但是山体的边缘会形成强烈的轮廓光。

摄影师在拍摄山脉的时候可以和天空结合起来拍摄，天空中的云彩会增加画面的层次，使画面内容更加丰富多彩。

正常视角拍摄的山峦

光圈：f/24　快门速度：1/640s　感光度：ISO100　曝光补偿：+0.3EV

俯视视角拍摄的山峦

光圈：f/22 快门速度：1/125s 感光度：ISO200 曝光补偿：+0

仰视视角拍摄的山峦

光圈：f/22 快门速度：1/320s 感光度：ISO100 曝光补偿：+0

▶ 海景拍摄技巧

拍摄海景照片首先要考虑构图，构图是否具有美感直接决定了照片是不是成功。由于海面的辽阔无边，它不像大山一样，没有太大的起伏，摄影师构图上要下功夫，避免欣赏者产生审美疲劳。

对于初学者来说，可以使用水平线构图，按照三分法的构图原则安排海景照片的地平线，这样整个画面看起来会比较舒服。当然这个原则不是一成不变的，待摄影师熟练掌握之后便可以灵活运用，地平线安排在画面的上1/3还是下1/3，则要看景物的具体情况了。如果说海面上没有什么明显的被摄物体，天空的云彩非常的漂亮，这个时候就比较适合将地平线安排在画面的下1/3处，这样画面中天空占用的面积比较大，更利于云彩的表现；相反，如果说天空万里无云，没有明显的被摄物体，海面上有一些轮船或者小岛什么的，摄影师就应该让海面占画面的大多数面积，让地平线处于画面的上1/3处。

地平线居于画面下1/3处，主要表现天空的事物

光圈：f/28　快门速度：1/125s　感光度：ISO800
曝光补偿：+0.3EV

地平线居于画面上1/3处，主要表现地面的事物

光圈：f/11　快门速度：1/30s　感光度：ISO200
曝光补偿：+0.3EV

摄影师拍摄海景的时候可以充分地利用海面上的一些岩石，漂浮的渔船，还有远处的山体斜坡等，再通过精心的构图，这样就能将画面丰富起来，不至于使画面看起来空洞无物。

拍摄海景的时候，可以借助海中的一些景物使画面丰富起来

光圈：f/28　快门速度：1/4s
感光度：ISO100　曝光补偿：+0

摄影师选取拍摄海景的时间也就决定了画面中的光线，如果是早上或者黄昏时候拍摄，太阳刚刚爬出海平面，整个画面是一种逆光的效果。如果画面中拍摄到了太阳，就要注意适当地设置曝光补偿，因为如果按照太阳的亮度测光，整个海面会非常的暗；想要得到比较均衡的画面时最好按照太阳旁边的云彩测光。

黄昏时分，逆光拍摄海面，结合前景，形成色彩斑斓、内容丰富的画面

光圈：f/32　快门速度：1/2s　感光度：ISO400　曝光补偿：+0

表现一种事物的时候，摄影师应该多多尝试从不同的方面表现它。大海除了平静的一面，还有波涛汹涌的一面，这样多方位的拍摄对摄影师提高自己的摄影技术会有很大的帮助。但是摄影师一定要注意自己的人身安全和对摄影器材的保护。

▶ 森林的拍摄技巧

森林的景象变化万千，是一个拍摄的好地方，你可以在森林的不同地方拍到不同的照片，不同的时间也会赋予森林不同的神韵。带着你的相机，找一片森林，仿佛一个简单的野外旅行，开始你的创作之旅吧。面对一大片的森林时，仿佛面对的是一个未知的世界，保持这份心情，用你的相机记录下你对这片森林的直觉。

拍摄森林的时候，摄影师要保持敏感，善于发现森林中的美景。摄影师还要清楚地知道自己想要的感觉，要幽静的林间小道，还是茂盛而充满生机的绿色乐园。前面我们说在森林里可以拍到非常多的照片，确实是这样，只要你善于发现，你会找到有很多有趣的画面，这就是兴趣点，你可能看到长得很有特点的几棵树，或者是森林中不知道什么时候踩出的小路等。

不同时间的森林呈现的景象也不相同，图片中是深秋季节的森林

光圈：f/8　快门速度：1/1250s　感光度：ISO100
曝光补偿：+0.3EV

盛夏的树林，绿油油的

光圈：f/24　快门速度：1/640s　感光度：ISO200
曝光补偿：+0.3EV

在拍摄森林的时候，是非常锻炼摄影师的构图能力的。你必须从杂乱无章的树木里精心提炼画面，可以记录完整的森林，也可以采取一些开放式的构图方法，这样会使画面显得更有临场感，更能激发观看者的想象力。再比如拍摄一些扎根于深土中的巨大树根，或者是苍老斑驳的树皮，这些事物都是可以激发起观看者联想的好题材。

冬日的树枝上挂满白色的雪花

光圈：f/8　快门速度：1/125s　感光度：ISO200
曝光补偿：+0.7EV

拍摄树林中单个的小景物

光圈：f/3.5　快门速度：1/800s
感光度：ISO100　曝光补偿：+0.3EV

如果你进入了森林的内部，高大的树木可能会遮挡住阳光，光线照射不到森林内部，此时的你就应该积极地去发现能够射入森林的光线，并将它记录下来，这种成束的光线往往比别的光线更具有吸引力。但是在拍摄的时候要注意曝光，如果背景太亮的话，可能那种聚光的效果并不明显，在选择背景的时候就要尽量暗一点。一定要记住一点，拍摄森林的时候一定要积极地寻找光线。摄影是光的艺术，有光感的森林更具有打动人心的效果。

树林中的枝叶都连在一起，但根部可以看清它们的个体

光圈：f/5.6　快门速度：1/2 000s　感光度：ISO100　曝光补偿：+0

另外，进入森林的时间不同，摄影师拍摄到的画面也会不尽相同。清晨的森林很容易被太阳染上神秘的青紫色调，而且森林中会有淡淡的雾气，让这个未知的世界显得更加的神秘。倘若是傍晚时分拍摄，你可以选择一个逆光的角度拍摄成排的树木，它会形成漂亮的轮廓光，还会投下长长的影子。

傍晚的深林在落日的余晖下只剩剪影

光圈：f/6.3　快门速度：1/100s
感光度：ISO320　曝光补偿：+0.3EV

正午太阳的光线透过树叶的缝隙照射在地面上

光圈：f/5.6　快门速度：1/2 000s　感光度：ISO100　曝光补偿：+0

▶ 红叶的拍摄

小时候大家都学过一篇关于香山红叶的课文，课文里描述的红叶是那么的美。如果我们可以用文字以外的东西来表达它的美，那就是我们手中的相机，这种方式比文字更加直观也更客观。

拍摄树林中的小片红叶

光圈：f/3.2　快门速度：1/1 000s　感光度：ISO100　曝光补偿：+0.3EV

我们要有一双发现美的眼睛，通过自己的大脑对画面进行加工，利用手中的数码单反相机，最终使其成为一幅美丽的画面展示给观赏者。首先红叶是秋天才会有的，所以摄影师要耐心等待，精心地准备，到红叶红了的时候就可以带上自己的相机尽情地拍摄了。十一月左右树上的叶子有的已经开始变红了，但是还有一些黄色和绿色的叶子。我们不要因为是来拍红叶的就不拍绿色的叶子和黄色的叶子，实际上，有黄绿颜色的存在能够更好地衬托出红叶的红来。森林里可以发现很多颜色漂亮的叶子来拍摄，如果结合顺光光线来拍摄，画面的颜色会更加的鲜艳，饱和度也会更高。

拍摄满树红叶

光圈：f/11　快门速度：1/1 000s　感光度：ISO100　曝光补偿：+0.3EV

▶ 湖泊与倒影的拍摄

湖泊通常都居于内陆，不像大海那样气势宽阔，但是湖泊带给人的感觉是安宁祥和，在拍摄湖泊的时候，摄影师可以借助湖泊水面的倒影增加画面的感染力。

水面像一面镜子倒映着雪山和蓝天

光圈：f/16 快门速度：1/500s
感光度：ISO100 曝光补偿：+0.3EV

倒影的使用会使部分风景得以延伸和重复，带给人一种图案化的视觉感受，还会使画面显得更加安静。通常拍摄倒影的时候要选择一个比较好的时机，比如在日出和日落的时候，倘若没有风，湖泊的表面会像一面平静的镜子，形成一个非常好的反射面。由于日落时分的光线不会保持太长的时间，很快天色就会暗下来，出于这个原因，摄影师应该在拍摄之前多选取几个拍摄地点，以便在很短的时间内拍摄一些不同的画面影像。

横躺形的山脉在夕阳照射下更添风采

光圈：f/11 快门速度：1/250s 感光度：ISO100 曝光补偿：+0

拍摄倒影最好的光线应该是前侧光，前侧光会使被摄事物拥有明确的轮廓、丰富的层次。这种优势会直接反映到水面上，对于画面效果的提升有很大的帮助；顶光拍摄的时候水面会形成强烈的反光，对倒影的表现不太理想；逆光拍摄又容易使被摄主体和背景反差过大，又由于被摄物正面受光不充分，最后照片的成像会灰暗不清。

山谷中树林的倒影

光圈：f/8　快门速度：1/125s　感光度：ISO200　曝光补偿：+0.3EV

拍摄这种水面倒影的时候要注意测光，由于倒映在水中产生，水会吸收一部分光线，倒影看起来没有实物那么明亮，通常会比实物暗一到两挡。倘若摄影师按照水面的倒影测光，可能会造成画面曝光过度。建议拍摄最好按照景物的实体来测光，确定曝光数据后按下曝光锁定，然后再进行构图，将倒影拍摄到画面中。

在拍摄倒影的时候还需要注意构图，地平线位置的处理显得尤为重要，在前面的章节我们讲了可以按照三分法的原则来安排地平线的位置，在这里也可以尝试将地平线放在画面的中间，使画面呈现出协调对称的感觉，这样实际的景色会和水面的倒影形成非常完美的呼应关系。

天空倒映在水中，形成水天相连的景象

光圈：f/11　快门速度：1/250s　感光度：ISO600　曝光补偿：+0

▶ 雪景的拍摄技巧

冬季的下雪天里，人们都会有莫名的好心情，洁白的晶体飞舞在天地之间，大地被盖上白色的外衣，热爱摄影的人们都会想记录下这么美好的景象，下面我们讲讲拍摄雪景需要注意的事项。

雪是一种白色的晶体，有很高的反射率，遇到光线照射其亮度甚至能达到刺眼的地步，所以在拍摄雪景的时候一定要选择好光线照射的角度和强度。如果光线正面直照雪面，雪面将会变得没有明暗和层次感。

冬日被雪覆盖的苍茫大地

光圈：f/8　快门速度：1/125s　感光度：ISO1000　曝光补偿：+0.7EV

松树在白雪的覆盖下，像是一片童话世界

光圈：f/11　快门速度：1/2000s　感光度：ISO600　曝光补偿：+0.3EV

在选择拍摄雪景的时候，最好是在雪后的晴天，以早上的光线为佳，这种光线角度低，而且强度也不是很大。拍摄雪景的时候摄影师多变换一些角度，使雪景产生一些侧光、侧逆光、逆光等光效，这样不仅能表现出雪景的层次，细节部分甚至可以看到雪粒的质感，而且整个画面的影调也比较丰富。

在拍摄逆光雪景的时候，摄影师应当注意一点，如果画面中白色的面积比较大，相机的测光系统会被欺骗，那些没有被雪遮盖的部分会变得漆黑，考虑到这种情况，摄影师最好选择光线柔和的时间段去拍摄。拍摄雪景的时候光线是非常重要的，摄影师一定要考虑出门拍摄的时间段。在不同的时间段出去拍摄，由于光线色温的变化，画面中还会呈现出不同的颜色效果，雪景也会带给你意想不到的惊喜。

落日前的雪景

光圈：f/16 快门速度：1/100s 感光度：ISO500 曝光补偿：+0.3EV

除了在光线的运用上，拍摄雪景还有一个很重要的地方要注意，那就是正确的曝光。要想得到正确的曝光，第一步就是测光。数码单反相机的测光系统都是以一定的程式进行测光的，它会认为它看到的一切都是18%灰。所以摄影师就要去选择相机看到景物的那个部分，看到的部分越接近18%灰，测光就越准确。对于拍摄雪景来说，如果画面大面积覆盖白雪，相机拍出来的画面往往会比实际的景物看起来暗一到两挡，摄影师就要适当地去增加一点曝光量；还有一种方法可以避免曝光失误，就是对相机进行测光的对象的选择，摄影师要选择画面中接近18%灰物体进行测光，测光完成后按下曝光锁定键，再进行构图。

狗拉雪橇是东北雪原的一道靓丽风景

光圈：f/8 快门速度：1/1 500s 感光度：ISO200 曝光补偿：+0.3EV

▶ 四季风光特色——绿意盎然的春天

常言道：一年之计在于春。春天是新的一年的开始，万物开始复苏，阳光明媚、虫鸣鸟叫，这是一个非常适合拍照的季节。春天有很多自身特有的场景，最大的特点就是生机盎然的花花草草，很多摄影师也将镜头对准了这些题材拍摄。

在拍摄这些花花草草的时候，摄影师可以选择清晨去拍摄，清晨的花草大都挂着晶莹的露珠，这种美丽的画面非常值得拍摄。下午或者黄昏的时候也是一个拍摄的好时间，太阳快落山的时候，阳光变成了金黄色，逆光下的风景看起来更加富有魅力。

春天给人明媚的感觉

光圈：f/22　快门速度：1/2 500s
感光度：ISO100　曝光补偿：+0.3EV

摄影师可以在这个季节拍摄燕子归来、小草出土等，拍摄者在镜头的选择上有很大的自由性。比如表现刚露头的小草或者小昆虫的时候就可以使用长焦镜头或者微距镜头，搭配以大光圈虚化背景拍摄；拍摄绿意盎然的树木，或者满身绿草的山脉时可以使用广角镜头，用小光圈拍摄，能够带给观看者丰富的细节。

小草破土而出

光圈：f/3.5　快门速度：1/1 250s　感光度：ISO100
曝光补偿：+0.3EV

春天也是柳树最风光的季节

光圈：f/5.6　快门速度：1/2 000s　感光度：ISO100
曝光补偿：+0

▶ 四季风光特色——枝繁叶茂的夏天

夏天的植物是最茂盛的，昆虫也最活跃，摄影师可以在公园、山林等许多地方发现值得拍摄的事物。需要注意的是夏天的气温是一年四季中气温最高的季节，阳光照射也非常的强烈，景物在这种强光的照射下，暗部和亮部的反差会变得非常大。处于这种原因，摄影师要选择太阳光线不是最强的时候去拍摄，在取景的时候也尽量避免那些反差的场景；如果被摄场景光线复杂，必须要拍摄的话，摄影师可以使用点测光精确地选择测光点。

夏日小溪周围的石头长满绿色的苔藓

光圈：f/11　快门速度：1/800s　感光度：ISO100
曝光补偿：+0

枝繁叶茂的夏季

光圈：f/36　快门速度：1/250s　感光度：ISO100　曝光补偿：+0.3EV

夏季的强光照射着树林里的层层树叶

光圈：f/2.8　快门速度：1/3 000s　感光度：ISO100
曝光补偿：+0

通过树枝缝隙的光线

光圈：f/11　快门速度：1/250s　感光度：ISO100
曝光补偿：+0

▶ 四季风光特色——秋高气爽的秋天

秋天是个金黄的季节，大部分植物都变成了黄色，也到了结果收获的时候。很多摄影师非常喜欢秋天这个季节，这个季节是颜色最丰富的，因为各种植物的成熟期不一样，有的成了金黄色，有的还是绿色，各种不同深浅的颜色装点得这个季节非常的漂亮。

秋天满树的黄叶落满一地

光圈：f/28　快门速度：1/500s　感光度：ISO100　曝光补偿：+0.3EV

常见的秋季风光有很多，拍摄金黄麦浪的时候，摄影师可以结合风来拍摄，将相机的快门调节成慢速快门，这样记录下的麦田里的场景真的会像海浪一样；颜色丰富的森林，在拍摄这种题材的时候，不要让颜色平均分布，使它们呈现不同面积分布在画面中，这样更有利于画面产生对比的效果。除了这些，还有一些非常典型的场景值得拍摄，硕果累累的果树、秋高气爽的天空等，只要摄影师拥有一颗乐于发现的心，秋季就是你创作的最好时间。

大雁南飞是中国北方在秋季常常见到的情形

光圈：f/24　快门速度：1/250s　感光度：ISO1000　曝光补偿：+0

秋季多数植被都会披上金黄色的靓装，向人们展示这个丰收的季节

光圈：f/32　快门速度：1/300s　感光度：ISO320　曝光补偿：+0.3EV

▶ 四季风光特色——白雪皑皑的冬天

毫无疑问，只要一说起冬季，大家想到的最多的场景就是白雪皑皑的景象，这也是冬季最大的特征，相比较其他的季节，这个季节拍摄的景物就没有那么的丰富了。

但是作为善于发现的摄影师，还是可以找到很多题材的，傲然独立的梅花，盖着雪被的村庄，挂满冰凌的树枝，晶莹剔透的冰块等。拍摄雪景的时候和其他的场景有些区别，摄影师要注意曝光，面对大面积雪景的时候相机的测光系统不会给出准确的曝光值，摄影师需要在其基础上加一定的曝光量。

冬日里的落日

光圈：f/8　快门速度：1/250s　感光度：ISO100
曝光补偿：+0.7EV

使用闪光灯拍摄下雪花飘落的瞬间

光圈：f/22　快门速度：1/500s　感光度：ISO100　曝光补偿：+0

5.2 人像摄影

▶ 美女人像的拍摄

拍摄美女一直是人像摄影中最为热门的一个题材，自从数码相机诞生后，利用数码相机拍摄美女人像的摄影师越来越多。下面我们讲讲如何轻松拍出美女人像的技巧。

突出主体

拍摄美女人像的时候，要注意突出主体，一定要将人物与背景分离开，将观看者的视线集中在美女身上。在这种时候，摄影师最好使用大光圈拍摄，使画面产生虚实对比，虚实对比分为前景虚和后景虚两种。

当前景显得比较杂乱的时候，摄影师最好选择一块比较整齐的环境进行构图，然后对焦到人物身上，这样拍出的照片，前景中虚化的景物就变成了一些色块，这些色块不仅对突出主体有帮助，而且还有渲染画面气氛的作用。

当后景过于清晰或杂乱的时候，背景中的景物就会干扰观者的视线，合理的虚化背景可以很好地突出人物。

加大主体在画面中的面积，有效突出拍摄对象

光圈：f/3.5　快门速度：1/1 250s　感光度：ISO100
曝光补偿，+0.3EV

虚化环境中的景物，使得拍摄主体更加突出

光圈：f/2.8　快门速度：1/2 000s　感光度：ISO100
曝光补偿：+0.3EV

突出神态的特写

在拍摄美女照片的时候，少不了拍一些被摄者的特写镜头，这样的特写镜头首先得传神，人物的表情要到位，这就要求摄影师能调动模特的情绪，而且还要做到眼疾手快，看到模特精彩的表情要迅速地对焦，迅速按下快门进行拍摄。

通常来说，接受过训练的模特，在其举手投足之间都充满了美感，她们很富有表现力，只要和摄影师经过简单的沟通，就会做出相应的动作与表情。有的时候拍摄一些缺乏经验的模特，就需要摄影师告诉被摄对象，自己具体的想法，想要什么样的东西，不仅仅要做这样的交流，有时候可能还需要以身作则，自己亲自做示范给模特看，这样更能有效地使模特明白意图，灵活地运用眼神和嘴唇做出表情。拍摄美女人像的时候要注意找到被摄对象最美的角度，好的摄影角度可以弥补被摄者的不足，对其进行修饰。

重点拍摄模特的眼神

光圈：f/8　快门速度：1/125s　感光度：ISO100
曝光补偿：+0

用肢体动作配合拍摄特写

光圈：f/6.3　快门速度：1/500s　感光度：ISO100
曝光补偿：+0.3EV

中规中矩的特写

光圈：f/5.6　快门速度：1/250s　感光度：ISO100
曝光补偿：+0

夕阳下逆光拍摄

这种拍摄方法会带给人一种梦幻效果，逆光本身是一种非常富有表现力的光线，它能够营造出发光效果，这种发光将人物和背景分离开来。

在太阳落山前的两三个小时，光线比较强烈，但是光线的色温已经变低，将被摄对象浸润在一种暖暖的黄色光线中。

但是有些摄影师可能会抱怨，在这种光线条件下拍摄，画面会显得很灰，而且整个照片的色彩饱和度不高，反差也不是很理想。其实在拍摄的时候多找一些角度，利用好这个时段光线的特性，可以拍摄出非常生动的图片。

逆光拍摄能够形成较好的艺术氛围

光圈：f/3.5 快门速度：1/250s 感光度：ISO100
曝光补偿：+0.3EV

逆光可以为拍摄对象形成一圈漂亮的亮边

光圈：f/5.6 快门速度：1/400s 感光度：ISO100
曝光补偿：+0.3EV

有利于突显人物情感

光圈：f/2.8 快门速度：1/800s 感光度：ISO100
曝光补偿：+0.7EV

捕捉人物的动态

动态拍摄往往需要一个比较广阔的场景，模特连续移动身体和肢体变化，摄影师则在一边选好景别进行拍摄，这种演出式的拍摄很容易激发出模特的情绪。被摄对象连续的做动作， 摄影师进行瞬间捕捉，这种拍摄可能成功率不高，摄影师可以事先选好位置，指导模特做动作，从取景框里取景，看一下构图是否合适，在构好图后让被摄者在指定位置做动作，这样多做几次，摄影师就可以极大地提高照片的成功率。

捕捉拍摄对象瞬间的表情

光圈：f/3.5 快门速度：1/600s 感光度：ISO200
曝光补偿：+0.3EV

在人像拍摄时，尽可能让拍摄对象自己发挥

光圈：f/3.5 快门速度：1/2 000s 感光度：ISO100 曝光补偿：+0

结合道具表现人物

在拍摄人物的时候，可以适当地结合一些小道具，这样不仅美化画面，还丰富了情节。

在道具的选取上可以根据所拍摄的主体，即摄影师想传达给观看者的意图来进行选择。如果拍摄可爱的女孩子，就可以选取一些布娃娃玩具等。摄影师还要注意道具的使用，道具本身首先要有美感，体积大小要合适，色彩也符合整个画面的整体色调，在画面中它是用来作陪衬物的，不要喧宾夺主。

散落的花瓣为拍摄对象增添艺术氛围

光圈：f/13　快门速度：1/250s　感光度：ISO100　曝光补偿：+0

拍摄对象手中的花朵使得画面更加灵动

光圈：f/2.8　快门速度：1/800s　感光度：ISO100
曝光补偿：+0.3EV

相机在画面中为陪体

光圈：f/3.5　快门速度：1/400s　感光度：ISO100
曝光补偿：+0

有情调的室内人像

区别于室外人像，室内人像在拍摄时有一定的特殊性，通常人们会在一些环境比较特别的地方拍照，比如说有情调的酒吧，或者舒适的酒店等。

通常来说，酒吧为了营造氛围和情调，在灯光的设计上会比较特别，有氛围但是光线不够亮，起码在摄影师眼里，这里没有合适的光线供拍照，但是请不要放弃，即使在这样的地方，我们也要利用手中的相机进行拍摄，比如摄影师可以尽量将被摄对象安排在离灯光近的地方，或者是有窗户的地方，适当提高相机的感光度，尽管颗粒可能会显得大一点，但是在肉眼看来也是完全可以接受的。

室内具有各种色彩的灯光，照亮模特，丰富画面

光圈：f/2.8　快门速度：1/250s　感光度：ISO1 000　曝光补偿：+0.3EV

还有就是摄影师可以在室内寻找一些比较有意思的装饰等，用特别的背景配合美女，效果也不错。另外，需要注意的是，如果你想表现环境里的现场氛围，不要开闪光灯，打开闪光灯会破坏现场的光线。

借助楼梯拍摄

光圈：f/8　快门速度：1/250s　感光度：ISO500　曝光补偿：+0.3EV

长廊的椅子是拍摄人像的好去处

光圈：f/3.5　快门速度：1/500s　感光度：ISO100
曝光补偿：+0.3EV

光圈：f/8　快门速度：1/125s　感光度：ISO100
曝光补偿：+0

场景和服装搭配

当摄影师有创作欲望的时候，可以适当考虑一些场景和服装的搭配，不要停留在简单的举起相机按快门的阶段。

简单、休闲的服装配合户外草地上的休闲风

光圈：f/3.2　快门速度：1/1 500s
感光度：ISO100 曝光补偿：+0.3EV

比基尼配合海边的清凉度假感觉

光圈：f/8　快门速度：1/1 000s　感光度：ISO100　曝光补偿：+0

高调美女人像

拍摄高调美女人像之前，摄影师要先了解被摄者的外形气质，然后根据其气质选择不同款式的浅色服装进行搭配。一般来说，高调人像适合表现具有年轻美貌、皮肤白皙、气质高雅、活泼可爱等特点的人。高调人像画面的特点是整个画面的影调以亮调为主，所以摄影师在拍摄的时候最好尽量减少画面中深暗的颜色成分。如果拍摄的是黑白照片，要以白、浅灰和中灰为主，彩色摄影要尽量使用明度比较高的浅色和中明度的颜色为主。这样整个画面会呈现出亮调的氛围，没有明显的深色调，甚至是阴影，显得非常的洁净、明朗、柔和。

简单背景下的人像，干净、简洁

光圈：f/8　快门速度：1/125s　感光度：ISO100
曝光补偿：+0

在影棚里拍摄的时候，被摄者要穿浅色的衣服，太深的衣服和大面积的重色块会破坏整个画面的效果，服装也应该尽量选择简洁的款式，这样更有利于表现明亮、整洁的效果，背景和道具应该选择一些纯色、明度比较高的淡色背景，且不易搭配繁琐的道具。布光的时候尽量以顺光为主，辅助灯放在相机的正后方，这样不仅能起到补光的作用，还可以降低画面中阴影的深度。

需要注意的是，高调人像看起来明亮爽朗，但是摄影师要注意控制整个画面的亮度，不要失去应该有的细节，一张成功的高调人像应该是有着丰富细节的，不会为了追求高调而失去应该有的细节。

增大主体，在画面中白色背景常常用来拍摄高调人像

光圈：f/5.6　快门速度：1/250s　感光度：ISO100
曝光补偿：+0.3EV

高调人像中需要有深色的色彩

光圈：f/6.3　快门速度：1/1 000s　感光度：ISO200　曝光补偿：+0.3EV

低调美女人像

低调美女人像恰好和高调人像相反，低调指的是暗调，画面中的影调主要以暗色为主，它大量地使用深灰、深暗、深黑的影调，很少使用白色以及浅灰的成分，这样使得整个画面的氛围显得深沉、凝重，有一种浑厚感。

大面积暗色调画面使得拍摄对象更加突出

光圈：f/8　快门速度：1/320s　感光度：ISO200　曝光补偿：−0.3EV

在拍摄彩色低调照片的时候，尽量使画面的元素保持在一个比较深的颜色区域内，可以适当地使用一些较为亮丽的色彩，但是，这种明快的色调在画面中比例不能太大，一定要保持在一个很小的区域和范围内，否则会破坏整个画面效果。适当地使用明快的色调往往会使画面很突出，很吸引观众的目光，摄影师可以利用好这种明暗对比的关系，重点突出表现画面中的某一部分。

在影棚里拍摄暗调人像的时候，尽量使被摄者身着深色的衣服，补光的时候尽量使用逆光和侧光，个别低调人像也有顺光拍摄的，但是在曝光量上要有所控制。还有摄影师要注意，拍摄暗调氛围的画面不要使画面暗部暗到没有细节，保持应有的细节更有利于表现出暗调人像的魅力。

低调画面有助于展现拍摄对象皮肤和衣物质感

光圈：f/7.1　快门速度：1/160s　感光度：ISO100
曝光补偿：+0.3EV

低调人像的曝光比较难以把握，选择拍摄对象的皮肤进行对焦

光圈：f/5.6　快门速度：1/250s
感光度：ISO100　曝光补偿：+0

▶ 儿童人像的拍摄

儿童摄影是一项非常有趣的事情，孩子们可爱、天真的样子总是让人忍俊不禁，但是拍摄儿童是一件比较困难的事情，孩子们都比较好动活泼，情绪多变。摄影师要想拍好儿童，就一定要掌握一些小方法。

善于引导孩子的情绪

小孩子非常活泼好动，而且情绪波动比较大，易于变化情绪。摄影师要明白怎么引导孩子的情绪，在开始的时候可以让孩子自己玩一会，熟悉一下环境和周围的人，这样小孩子很快就会沉浸到自己的世界里。在这种情况下摄影师就比较容易做一些抓拍。

拿着孩子喜欢的玩具来诱导孩子的眼神

光圈：f/2.8　快门速度：1/2 500s
感光度：ISO100　曝光补偿：+0.3EV

如果拍摄年纪更小一些的孩子，摄影师可以通过各种悦耳的声音或者带有颜色的东西吸引小孩子的注意，引导孩子的目光向镜头，让孩子的妈妈或者亲近的人在相机镜头的旁边逗孩子发笑，这样很容易捕捉到比较满意的照片。

拍摄五六岁的孩子相对来说比较容易些，这个年纪的孩子自己已经有一定的想法了，有的孩子比较爱表现，性格活泼，拍摄的时候就比较容易，也有一些比较害羞和认生的孩子，这时候摄影师就要弄点他们感兴趣的东西给他们玩，通过亲切的交谈建立起良好的关系，让小孩子觉得亲近，没有威胁，这样子就很容易带动他们的情绪。摄影师如果可以模仿小孩子的行为，会让他们更容易接受，他会把你当成是自己的伙伴。

在孩子喜欢的地方拍摄，会有效提高出片率

光圈：f/5.6　快门速度：1/800s　感光度：ISO100
曝光补偿：+0

喜怒哀乐全要拍

婴幼儿拥有最纯真的情感和行为，他们会毫无保留地将自己的喜怒哀乐表现出来，毫无掩饰，这是非常值得拍摄的事情。

大部分人都喜欢孩子的笑容，拍照的时候也不例外，孩子在生活中的表现是多种多样的，如果你翻开孩子的照片相册，千篇一律的笑容，可能并不能让你回忆起除此以外的关于孩子的其他的样子。实际上孩子在各种条件下的表情都很值得拍摄，如淘气、撒娇，甚至是落泪等。拍摄记录下孩子的这些真实情感，往往更会让人回味无穷。

孩子的表情千变万化

光圈：f/3.5 快门速度：1/640s 感光度：ISO200 曝光补偿：+0.3EV

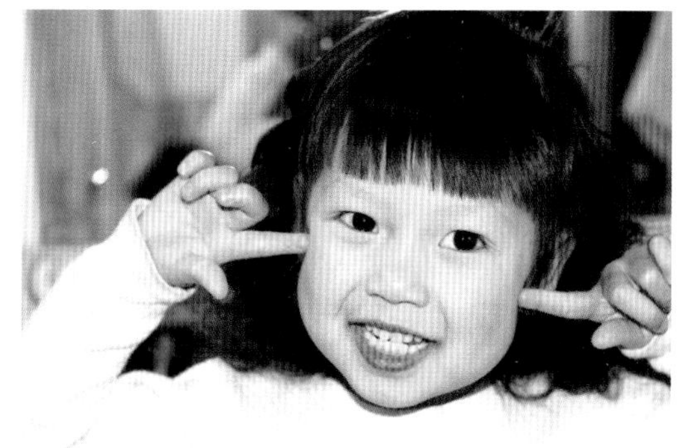

拍摄孩子可爱的表情

光圈：f/2.8 快门速度：1/5 000s 感光度：ISO100 曝光补偿：+0

宝宝在水里奋力游泳的可爱表情

光圈：f/3.5 快门速度：1/1 500s 感光度：ISO100 曝光补偿：+0.3EV

孩子和父母

拍摄孩子和他们父母在一起的照片，总会记录下很多精彩的画面。孩子们在父母的面前表现得比较自然，没有拘束感，孩子们有时候会表现的像一个小大人，有时候又是调皮的小可爱。

这些精彩的瞬间非常打动人心，因为这是孩子们最真实本性的流露，没有一点做作。在拍摄的时候可让孩子和父母做一些游戏，这种温情脉脉的家庭照也是非常美好的场景。

宝宝和妈妈在一起的温馨画面

光圈：f/5.6　快门速度：1/1 600s　感光度：ISO100
曝光补偿：+0.3EV

一家三口的幸福笑脸

光圈：f/3.5　快门速度：1/250s　感光度：ISO100　曝光补偿：+0.3EV

▶ 老人像的拍摄

拍摄角度

摄影师在拍摄老人像的时候，可以分别运用不同的拍摄角度和景别进行拍摄。由于不同的被摄对象有自己的独特特征，摄影师应该敏感地意识到这些区别，对不同体态的老人采取不同的拍摄方式，比如：身体矫健，身板挺直的可以采取大半身拍摄；对于一些消瘦的老人，可以采用平视的视角，顺光条件下进行拍摄，使其看起来更加地饱满；对于矮胖的老人来说，可以适当地降低机位，使老人看起来比较高大；如果老人有大肚子，就可以让他坐在宽大的椅子里，这样可以起到一定的遮挡效果。

平视角度拍摄在花丛中的老人

光圈：f/3.5　快门速度：1/1 500s　感光度：ISO100
曝光补偿：+0.3EV

仰视角度拍摄打网球的老人

光圈：f/11　快门速度：1/500s　感光度：ISO100
曝光补偿：+0.3EV

表现老人的沧桑感

拍摄老人像的时候，可以着力表现老人的沧桑感。一般来说，老人的脸部皱纹非常有特点和代表性，采用一些特写手法，更能表现出老人的沧桑感。除此之外，手部也是能很好地表现老人的部分。拍摄皱纹的时候，可以采用一定角度的侧光来进行照明，这样皮肤上的皱纹会显得更加突出，有利于表现出老人的沧桑感。

看报纸是老年人的爱好，抓拍他们读报的瞬间，表现专注的神态

光圈：f/2.8　快门速度：1/2 000s　感光度：ISO100
曝光补偿：+0.3EV

神态和韵味的捕捉

拍摄老人的时候可以表现一下老人的神态和韵味，这种照片更加形象，更具有艺术感染力，利用镜头对老人进行一定的特写，摄取其良好的神态，使老人在照片上显得神采奕奕。

老人的笑容

光圈：f/2.8 快门速度：1/400s
感光度：ISO100 曝光补偿：+0.3EV

谈笑风生的老人们

光圈：f/5.6 快门速度：1/800s 感光度：ISO100 曝光补偿：+0.3EV

安排情节在画面中

在拍摄的时候可以适当地搭配一些活动来丰富画面，比如：老人坐在躺椅里面神态安详地看报纸、提着鸟笼子走在公园的小道上、和自己的孙子孙女在一起幸福的表情等，这些带有一定故事情节的照片往往比较耐看。

两位老人的背影，在落叶的树下走，给人休闲的感觉

光圈：f/6.3 快门速度：1/1 000s 感光度：ISO100 曝光补偿：+0.3EV

▶ 运动人像的拍摄

角度强化运动气势

在体育比赛中，好的摄影角度可以表现出运动员的气势。这就要求摄影师了解比赛项目的特点，提前选择一个比较合适的位置和角度。

体育摄影主要是要捕捉鲜明、新奇的画面。鲜明是力求画面上的主体处于主宰画面的地位，使观众可以一目了然地看出画面要表达的主体；新奇则是要拍摄出一些非常规的东西，比如定格下运动员运动的精彩瞬间，表现出体育竞技最美的形体和动作瞬间，能否达到以上的效果，很大程度取决于摄影师所处的角度和位置。

激情四射的水上摩托

光圈：f/8　快门速度：1/250s　感光度：ISO100
曝光补偿：+0.3EV

足球守门员扑球的瞬间

光圈：f/6.3　快门速度：1/500s　感光度：ISO100
曝光补偿：+0.3EV

跟踪对焦保证运动物体的清晰

在拍摄运动物体的时候，对焦是一个难点，因为被摄物体在不断移动，焦点也在不停地变化，这时候可以采用跟踪对焦，在跟踪对焦模式下，相机的焦点会自动追随锁定对象。比如说跑步中的运动员，跟踪对焦系统会根据运动员的位置变化实时驱动镜头马达持续对焦，使其保持一个持续的状态。

跟踪对焦拍摄快速的骑马者

光圈：f/6.3　快门速度：1/800s　感光度：ISO200
曝光补偿：+0.3EV

在耍空中花样动作的滑雪者，扬起很多雪花

光圈：f/8　快门速度：1/600s
感光度：ISO200　曝光补偿：0.7EV

高速快门定格运动主体

曾经有一位摄影大师，提出了“决定性瞬间”的理论，在体育摄影中我们也要利用好这个理论，在一场比赛中，“决定性瞬间”不止一个，摄影师要仔细地观察，运动员做动作的整个过程中有很多的瞬间都非常的精彩，比如：起始动作、衔接动作、高潮动作等，这些不同的瞬间带给人的视觉效果也是不同的。

在拍摄体育比赛的时候摄影师要选择合适的快门速度，在光线条件允许的情况下，尽量提高快门速度，这样在运动中的精彩瞬间就会被固定下来，如果拍摄环境光线过暗，摄影师可以适当地提高相机的感光度，以期缩短快门速度的时间。

高速快门抓拍棒球在空中的瞬间

光圈：f/5.6 快门速度：1/800s 感光度：ISO100
曝光补偿：+0.3EV

高速快门抓拍到清晰的水珠

光圈：f/8 快门速度：1/1 000s 感光度：ISO100
曝光补偿：+0.3EV

连拍模式记录精彩瞬间

数码单反相机的连拍功能非常强大，在拍摄体育赛事的时候选用这种模式拍摄，一定会记录下很多的精彩镜头。运动员做的所有动作都是一个连续的过程，连拍模式则是用很快的速度将这个过程分解开来，一个个定格下来，拍摄完毕后摄影师会一连串地分解照片，然后从其中选出比较优秀的照片。连续拍摄取决于相机的硬件指标，不同的相机连拍速度也不一样。由于连拍的时候会拍摄大量的图片，建议摄影师在拍摄比赛前做好充分的准备，尽量多准备几张大容量的存储卡。

在拍摄的时候提前选好位置，构好图，设置好曝光数据，当运动员开始比赛的时候摄影师就可以集中精力在拍摄上了，从运动员开始做动作的时候就按下快门，直到一个动作结束，这样整个动作都被记录了下来。

高尔夫运动员击球三连拍

光圈：f/11 快门速度：1/500s 感光度：ISO100 曝光补偿：+0.3EV

5.3 建筑摄影的拍摄技巧

建筑摄影很少会像人像或商品摄影那样，会去精心地布光，因为很多建筑物的面积都非常的大，布光就需要大量的人力和物力，如果要布置灯光拍摄不太现实。只是有一些面积较小的建筑，可以使用几盏功率大的长明灯通过长时间曝光来拍摄。

▶ 仰拍

如果摄影师面对的是一座高大的建筑物，而且自己非常想表现出该建筑物雄伟挺拔的感觉。这种时候最好的拍摄角度就是采用低角度拍摄，这样，由于镜头的透视变形效果，建筑物会由两边向中心产生汇聚现象，这种强烈的透视感会给人以雄伟宏大的视觉感受。

如果搭配上广角镜头拍摄，画面中的透视效果会更加地明显。另外，搭配广角镜头还有一个好处就是，可以尽可能多地将建筑拍摄进画面里面。

使用广角镜头仰视拍摄林立的楼宇

光圈：f/24　快门速度：1/125s　感光度：ISO100　曝光补偿：+0.3EV

▶ 俯拍

俯视拍摄的角度不太适合表现建筑物的高大和雄壮感，通常来说，高角度的俯视拍摄比较适合于表现呈水平方向延展的建筑群体。比如说，一个城市的建筑群落或者一个聚居在一起的村庄。

在高处俯视拍摄建筑群的全景，灯火辉煌的夜晚格外美丽

光圈：f/32 快门速度：5s 感光度：ISO100 曝光补偿：+0

当然，如果被摄者要面对的建筑群落越大，就意味着摄影师需要到越高的角度去拍摄。若拍摄城市，就可以去城市中的最高建筑物上拍摄；若拍摄山村则要取附近最高的山上去拍摄；若要拍摄的是坐落在平原上的建筑，那就需要航拍了。

一般情况下，人们观看建筑物的时候都是以仰视或者平视的角度，很少有俯视的时候，所以当人面对一张城市的整体布局照片的时候，会有一种神奇的感觉，就像是从天上往下看，带给人一种开阔的感受。

俯视拍摄单个建筑的全貌

光圈：f/22 快门速度：1/60s 感光度：ISO100
曝光补偿：+3EV

► 发现建筑的结构美

记得有人说过，建筑是人类艺术史中的第一艺术。从古到今，建筑的形式和样貌千变万化，不断改变，人们对于建筑的要求也不仅仅局限在躲避野兽，防寒御冷的范围，这点我们可以从身边的建筑中发现，很多外观看起来不可思议，仿佛是来自外星球或者是无法想象的建筑都已经矗立在了现实中。

我们不仅仅要发现建筑的整体面貌的魅力，还要从建筑的局部去发现。建筑设计师在设计建筑物的时候本身就是在进行一种艺术创作，需要确定各个要素的布局和形式，并将它们组合在三维空间中。一个合格的摄影师就要从多角度发现它的美，全局、部分与环境的关系等。

俯视拍摄旋转楼梯

光圈：f/16　快门速度：1/30s　感光度：ISO100
曝光补偿：+0

仰视拍摄商场的内部场景

光圈：f/22　快门速度：1/30s　感光度：ISO100
曝光补偿：+0.3EV

独具特色的窗户

光圈：f/8　快门速度：1/250s　感光度：ISO100
曝光补偿：+0.3EV

▶ 选择拍摄时间

由于建筑物的体积庞大，在拍摄的时候大部分情况下摄影师都得使用自然光线来拍摄。这样来看，同样的建筑物，在不同的时间，不同的光线条件下拍摄，出来的效果会完全不一样。

一般来说，清晨和傍晚的光线比较柔和，照射角度也比较低，适合建筑拍摄。正午的阳光角度偏正上方，而且光线的强度很强，在建筑物上会造成浓重的阴影。

故宫在朝阳中迎来成批的游客观光

光圈：f/22　快门速度：1/2s　感光度：ISO100　曝光补偿：+0

其次要注意光线照射的角度，采用正面光拍摄的时候，建筑物的细节俱在，而且颜色的饱和度比较好，但是画面缺少立体感，容易流于平常；前侧光和侧光可以给建筑物更多的明暗色调，立体感也更强；逆光拍摄建筑物的时候，常常表现的是建筑物的轮廓线，建筑的正面看起来比较暗，如果条件允许的话，可以将建筑物自身带的景观灯打开，以补充正面光线的不足。

夜晚的乌镇被灯光装点的更加美丽

光圈：f/11　快门速度：1/250s
感光度：ISO640　曝光补偿：+0.3EV

5.4 城市灯光与夜景的拍摄技巧

到了夜晚，城市里家家户户的灯光都会亮起，下班回家的车辆也会打开车灯，各种颜色的灯将城市装点得非常漂亮。由于夜晚整个空间的光线比较暗，所以在拍摄城市灯光和夜景的时候，曝光控制比较特殊。

▶ 夜景的曝光

拍摄夜景实际拍摄的不是夜，而是夜晚亮起的灯，在拍摄夜景的时候曝光就要根据所拍摄场景的灯光的亮度来确定了。

夜晚的街道

光圈：f/11　快门速度：1/5s
感光度：ISO100　曝光补偿：+0

一般来说，夜晚亮起的人工照明灯看起来十分明亮，但是实际拍摄的时候还是需要长时间曝光才能得到正常的画面。曝光时间通常都会长于1s，很多摄影师为了记录下画面或者是提高稳定性，会将相机的感光度提高，这样做是有风险的，换句话说，是有损失的，是拿画面的成像质量换取图像的稳定。感光度越高画面的噪点就越大，画面显得很粗糙。

建议摄影师在拍摄夜景的时候使用三脚架拍摄，这样就不用提高感光度，对画面的成像质量也是一种保证。在拍摄夜景的时候最好使用点测光或局部测光来计算曝光数值，如果按照平均测光拍摄的话，照片会有很大的问题，首先是相机会延长曝光的时间，将夜景拍成黄昏，又由于相机的快门时间太长，人手已经端不住相机，不能保持相机的稳定，相片结果是一团模糊的影子。

夜晚建筑的室内场景

光圈：f/8　快门速度：1/125s　感光度：ISO400
曝光补偿：+0.3EV

▶ 流光溢彩的车灯

夜晚是人们休息的时间，大家都在回家的路上，马路上会出现很多的车辆，车头和车尾的灯照亮了整个道路，来来去去的灯光很有意思。作为一个摄影爱好者，这种情况下，应该充分地发挥自己的主观能动性，想办法将车流的轨迹记录下来。

夜晚光线很暗，为了保证建筑物等不移动的物体的稳定，拍摄的时候需要将相机安装在三脚架上拍摄。但是我们拍摄车流为的是表现出它们的流动感，所以就要降低快门速度，以求将它们的运动轨迹记录下来，通常曝光时间要长达几秒、甚至几十秒。

近距离拍摄飞驰而过的车辆轨迹

光圈：f/8　快门速度：30s
感光度：ISO500　曝光补偿：+0

摄影师在取景拍摄的时候，尽量选择一些角度高的位置，比如过街天桥或者是通过高楼大厦的窗户拍摄。这样不仅可以保证摄影师的人身安全，还可以给摄影师提供一个良好的视野。拍摄街道最好选择一些城市主干道，因为城市主干道车流量较大，而且街道两旁建筑的景观灯也会打开，极大地丰富我们拍摄的画面。

高视角拍摄被来往车辆照亮的桥梁

光圈：f/28　快门速度：1/10s
感光度：ISO100　曝光补偿：+0

▶ 拍摄烟花

很多人对拍摄美丽的烟花都很感兴趣，总想记录下它们比花朵更加万紫千红美丽的身影，将它们短暂而灿烂的瞬间用我们的镜头使它成为永恒。那么，拍摄烟花要注意哪些呢?

首先，拍摄烟花最好选择广角镜头来拍摄，因为烟花爆开的具体位置是不可预测的，我们只能按照一个大概的范围来取景。由于广角镜头的视野开阔，这样就有力于捕捉到烟花。

结合城市夜景的美丽烟花

光圈：f/24　快门速度：1/60s　感光度：ISO100　曝光补偿：+0

拍摄烟花可以做一些事先的准备，以免到烟花燃放的时候手忙脚乱。将相机安装到三脚架上，将镜头的焦距调节到最远端，这时候你可能会问，那岂不是对不上焦了？可是烟花那么快速的爆炸瞬间怎么能让你有对焦的时间呢，恐怕连反应都来不及，所以为了解决这个问题，我们将光圈缩小为（f/11左右），利用大景深来涵盖烟花的爆炸范围，拍摄时使用的快门速度最好是长时间曝光或者B门。

借助水面的倒影拍摄烟花

光圈：f/16　快门速度：1/20s　感光度：ISO100　曝光补偿：+0

5.5 花卉摄影

花卉是一种美丽的事物，摄影师就是要发现美的，既然这么美丽的东西放在我们的眼前，为什么不拿起相机拍摄呢，在拍摄时，不要折损花卉。

▶ 利用不同镜头拍花卉

拍摄花卉的时候摄影师要灵活把握，使用不同的镜头进行创作，不要想使用一支镜头就表现出所有的拍摄意图。比如：如果你面对一大片的花海，非常想将这种大面积的花都收揽在镜头里面，此时你却使用了一长焦镜头，可想而知，这样就很难实现你的拍摄构思。

运用不同焦距的镜头可以获得不同的拍摄效果。通常来说，拍摄一两朵花可以使用长焦镜头，因为长焦镜头可以将你的被摄主体拍摄得足够大，足够吸引观看者的眼球，能够有效地确立起它的主体地位。长焦镜头还有一个好处，它可以虚化背景，将杂乱的元素过滤到画面景深范围之外，起到突出主体的作用。使用长焦镜头拍摄，被摄物体会比较客观地被记录下来，不会产生太大的变形。

50mm定焦镜头拍摄向日葵

光圈：f/5.6 快门速度：1/3 000s
感光度：ISO100 曝光补偿：+0.3EV

拍摄成片的花色花卉

光圈：f/1.8 快门速度：1/500s 感光度：ISO100 曝光补偿：+0.3EV

广角镜头在拍摄花卉场景的时候有它自己的优势。它拥有宽广的视角，可以尽可能多地将场景记录下来，它可以带给你气势磅礴的视觉感受，甚至有些时候可以利用它的变形透视效果拍摄出一些与众不同的东西。

使用变焦镜头拍摄大片的花卉

光圈：f/16 快门速度：1/2500s 感光度：ISO100 曝光补偿：+0.3EV

► 充分利用光比

在拍摄小范围的花卉题材时，我们就可以好好地利用本节所讲的内容：利用好对比。首先我们已经有了很明确的拍摄对象——花卉，那就意味着我们不去拍摄绿叶了吗？

大光比图像画面对比强烈

光圈：f/3.2 快门速度：1/4 000s 感光度：ISO100 曝光补偿：+0

小光比图像画面清新

光圈：f/5.6 快门速度：1/800s 感光度：ISO100 曝光补偿：0.3EV

当然不是了，我们不但要拍摄绿叶，还要让它为花卉服务，常言道：红花还需绿叶配。在这里我们说利用好背景就是这个意思，要让背景衬托主体。衬托主体的方法可就多了，像上面说的红花配绿叶，这是用了颜色对比来突出主体。

摄影师可以有意地选择处于局域光线照射下的花朵为被摄主体，将未处于光线照射下的花朵处理成背景，拍出来的画面一定是处于光线照射下的花朵更吸引人的眼球，这也是一种对比，明暗的对比。

事物都是存在于三维世界中的，在我们人类的眼里有着远近距离，这种大小透视的关系也是我们在拍摄中可以利用的对比方法。将一两朵大点的花朵作为拍摄主体，在配上些小的花朵，画面也是会很赏心悦目的。

除了以上所讲的几种对比，我们还可以用其他很多的对比方法，比如虚实对比、动静对比等。

红色的花朵与绿色的叶子形成对比

光圈：f/3.5　快门速度：1/2 000s　感光度：ISO100　曝光补偿：+0.3EV

拍摄对象与背景的虚实对比突出主体

光圈：f/1.8　快门速度：1/5 000s　感光度：ISO100　曝光补偿：+0.3EV

逆光拍摄薰衣草园的美丽花卉

光圈：f/2.8　快门速度：1/250s　感光度：ISO100　曝光补偿：+0.7EV

5.6 宠物摄影

现在的生活条件越来越好了，养宠物的人也越来越多，人们对待宠物的态度就像朋友，甚至家人一样，宠物在家庭中也扮演了一定的成员角色，本节我们就来讲讲怎样更好地记录陪伴我们的宠物。

三只狗狗似乎在交流着什么

光圈：f/3.5　快门速度：1/1 000s　感光度：ISO200　曝光补偿：+0.3EV

▶ 拍摄宠物的什么

养宠物的人都对它们的性情有一定的了解，如果你拍摄的是自己的宠物，你就知道怎样去调动你的宠物，它在什么情况下会兴奋，在什么样的情况下会跳跃等。如果你对所拍摄的小动物不是很了解，也不知道应该拍什么，那么就有必要在拍摄之前对它进行了解。可以询问它的主人，它的喜好是什么，拍摄的时候投其所好调动动物的积极性，这样就容易抓拍到成功的画面。

装在竹篮里的可爱小兔

光圈：f/6.3　快门速度：1/2 000s　感光度：ISO100　曝光补偿：+0.7EV

拍摄猫咪的睡相

光圈：f/5.6　快门速度：1/2 000s　感光度：ISO100　曝光补偿：+0.3EV

可通过观察来确定拍摄什么，动物都有自己的习性，要表现的是它们的共性，即该动物的典型的动作等。比如看到猎物肚皮贴着地慢慢往前爬，这就是猫科动物发动进攻前的典型动作，这种场景就非常值得记录下来。除了这些有共性的东西外，摄影师若是观察的细，甚至可以发现动物也是有个性的，它有自己的特殊动作，或者是它的长相哪里比较特别，这些都是可以拍摄的。

创意视角拍摄狗狗和它的牵绳

光圈：f/2.8 快门速度：1/1 500s 感光度：ISO100
曝光补偿：+0.3EV

低视角拍摄狗狗可爱的表情

光圈：f/2.8 快门速度：1/500s 感光度：ISO100
曝光补偿：+0.3EV

► 让宠物动起来

宠物是动物，那我们就要想办法让它们动起来，动起来的宠物照片会显得更加吸引人。实际上，大部分的宠物都比较好动。

与主人在玩游戏的猫咪

光圈：f/5.6 快门速度：1/500s 感光度：ISO100
曝光补偿：+0.3EV

一般来说，在拍摄的时候宠物都会对你手中的相机感兴趣，或是好奇地盯着看，或是羞涩地躲起来。这时你也可以将宠物带到室外，先不要急于拍摄，让宠物自己玩耍，它很快就会不再对你的相机感兴趣。如果你拍的是一条小狗，你可以扔给它一个小球之类的小玩具，它就会追逐小球，会表演出很多精彩的画面。这时候，摄影师就要进行抓拍了，提前将相机的各种参数设置好，在拍摄模式上最好使用连拍模式，这样可以大大地提高成功率。只要善于发现，并且富有耐心，你就一定能够拍摄到非常成功的画面。

训练中的狗狗

光圈：f/5.6　快门速度：1/800s　感光度：ISO100　曝光补偿：+0.3EV

逆光拍摄狗狗玩耍的表情

光圈：f/3.5　快门速度：1/500s　感光度：ISO200　曝光补偿：+0.3EV

5.7 城市街头摄影

走在城市街头，总会发现很多有意思的事情，熙熙攘攘的人群，川流不息的车流，风格迥异的建筑等。带着自己的相机赶快出发吧！

▶ 拍摄市井人像

走进大众日常生活，拍摄一些生活气息浓厚的照片是很有意思的事，比如进入大众生活的小区，或者公园，或者贩卖物品的集市，或者批发市场。

这些地方会因为地域的不同而各具特色，你可以发现这些地方并去拍摄，这些是他们生活的地方，他们都非常的熟悉，所以人们的姿态和神情也比较放松。

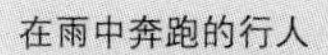

在雨中奔跑的行人

光圈：f/6.3　快门速度：1/250s　感光度：ISO320
曝光补偿：+0.3EV

在雨中撑伞等候的人群

光圈：f/11　快门速度：1/125s　感光度：ISO100　曝光补偿：+0.3EV

摄影师在器材的选择上可以用一些长焦镜头，找一个合适的位置，等待拍摄对象做出精彩的表情或者动作。这种拍摄方式不会打扰到人物，一般的人面对摄影师的相机的时候会显得比较拘束，甚至有一些人是排斥陌生人给他拍照，遇到这种情况最好不要为了拍照而冒犯别人。除了这种使用长焦镜头“躲起来拍摄”的方式，你也可以选择一支中焦镜头走入他们的生活。中焦镜头没有长焦镜头那么显眼，而且可以近距离拍摄。在近距离拍摄的时候最好征询人家的意见，是不是愿意被你拍照。

街道小巷中的服装铺面

光圈：f/22　快门速度：1/500s　感光度：ISO100　曝光补偿：+0.3EV

古建筑中的人们

光圈：f/24　快门速度：1/250s　感光度：ISO100　曝光补偿：+0.3EV

▶ 拍摄有特色的建筑

每个城市都有自己独特的气质，它们处在不同的地域，所以拥有自己独特的地域文化，首先，城市的古建筑就是它们自己的特色。

具有浓郁藏族特色的布达拉宫

光圈：f/32　快门速度：1/125s　感光度：ISO100　曝光补偿：+0.3EV

本幅图片与上幅的布达拉宫图片虽然具有相似的构图和用光，但是由于主体拍摄对象的不同，体现出完全不一样的画面感

光圈：f/22　快门速度：1/125s
感光度：ISO100　曝光补偿：+0.3EV

拍摄城市建筑的时候最好选择一支变焦镜头，这样摄影师就可以拍摄一些景别不同的照片。如果你选择一支定焦镜头拍摄，又想去表现不同景别的画面，那摄影师可能就得跑来跑去地寻找角度和位置，有时候还会因为受到客观环境的影响，拍摄不到自己想要的画面。

山西的大红灯笼是当地建筑物的特色装饰

光圈：f/22　快门速度：1/400s　感光度：ISO100　曝光补偿：+0

在拍摄建筑的时候最好是选择一个多云或者阴天的漫射光天气，这样对建筑物的细节和质感表现要好一些，如果天气恰好不是漫射光条件，那可以选择出去拍摄的时间，比如在早晨和黄昏的时候阳光光线不是特别强，而且照射角度比较低，是非常适合拍摄建筑的时间段。

水乡的独特建筑形式

光圈：f/16　快门速度：1/250s　感光度：ISO100
曝光补偿：+0.7EV

摄影师在面对建筑的时候不要只注重建筑的整体构造，忽视细节的重要性，有些看起来无足轻重的细节，很可能会是一幅引人瞩目的照片。所以摄影师可以从多角度去拍摄，外观、内部、局部细节等。

红色灯笼和砖墙

光圈：f/8　快门速度：1/500s　感光度：ISO100　曝光补偿：+0.3EV

突出表现建筑前的弯曲小道

光圈：f/11　快门速度：1/250s　感光度：ISO100　曝光补偿：+0.3EV

▶ 拍摄橱窗或者店铺的商品

城市街道两边的商店，总是充满了琳琅满目的商品，它们形态各异，颜色鲜艳，可以让人感觉到丰富的物质生活，这些也是值得记录的画面。

琳琅满目的糖果

光圈：f/6.3　快门速度：1/250s
感光度：ISO100　曝光补偿：+0.3EV

橱窗里的装饰

光圈：f/8　快门速度：1/250s　感光度：ISO100　曝光补偿：+0.3EV

很多人常常会忽略掉这些事物，实际上这些橱窗展示的物品本身就是艺术和生活结合的产物。它们是具有美感的事物，不同的橱窗内摆放着不同的事物，有的古怪稀奇，有的漂亮大方。拍摄并记录下这些风格各异的橱窗，经过一段时间积累，你会慢慢地喜欢上这种题材的拍摄。

拍摄这样的照片就如同是在拍摄纪录片一样，随着时代的变迁和发展，它们也会逐步地发展，或许你现在记录下来的东西在未来的数年里就不复存在了，这种东西是有相当的时代特征的。

橱窗里的鞋子

光圈：f/3.5　快门速度：1/1 250s　感光度：ISO100
曝光补偿：+0.3EV

隔着玻璃看橱窗里的首饰

光圈：f/5.6　快门速度：1/800s　感光度：ISO100
曝光补偿：+0.3EV

5.8 展场摄影

在各种展会上你会发现很多摄影爱好者，长枪短炮地围着车模在拍摄，因为在这里都是免费的模特，不用偷偷摸摸地去拍摄别人了，何乐而不为呢。

真人铜像

光圈：f/6.3　快门速度：1/500s　感光度：ISO100
曝光补偿：+0.3EV

展场布局通常是为了方便他们展示商品而分布的，所以拍摄现场的环境光线可能比较杂乱，而且光线亮度也不一定充足。拍摄环境中通常会有不同颜色的灯光，现场的色温环境非常地混乱，摄影师可以根据实际环境使用手动设置白平衡来拍摄，或者使用RAW格式拍摄，通过后期设置来调整色温。

展厅内的模特

光圈：f/5.6　快门速度：1/250s
感光度：ISO400　曝光补偿：+0.3EV

当展场的光线不够亮的时候，可以打开闪光灯拍摄，由于机顶闪光灯发出直射光，被摄主体会有浓重的阴影，而且反差也非常的大，画面看起来比较生硬，可以的话最好在相机机顶闪光灯上加上一个柔光罩，这样对于人物的皮肤质感表现也会有很大的帮助。

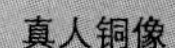

室内活动现场绚丽灯光下的人们

光圈：f/8　快门速度：1/100s　感光度：ISO100
曝光补偿：+0

真人铜像

光圈：f/6.3　快门速度：1/500s　感光度：ISO200
曝光补偿：+0.3EV

佳能

EOS 5D Mark III

数码单反摄影从入门到精通

06

佳能EOS 5D Mark III的高清摄像功能

短片拍摄前的准备工作

自动曝光拍摄短片

机内短片剪辑功能

使用电视机观看拍摄的高清短片

设置视频制式

6.1 短片拍摄前的准备工作

EOS 5D Mark III搭载全高清短片拍摄功能以来，EOS短片一直在提高数码单反相机影像表现的可能性。现在EOS短片已经成为影像界的重要存在，能够在许多媒体上看到使用EOS数码单反相机与EF镜头拍摄的诸多优秀影像作品。

EOS 5D Mark III进一步实现了高画质化和操作性的改善。对应追求高效率的职业编辑工作流程，一台相机即可满足影像表现的多样需求。从想要挑战影像拍摄的摄影发烧友到以影像拍摄为职业的专业摄影师，可满足广泛用户的影像表现要求。

▶ 设置短片记录尺寸

把相机上的实时显示拍摄/短片拍摄开关拨动到 '🎥 挡之后，拍摄4菜单和拍摄5菜单中将会增设一些和短片拍摄相关的功能设置。

▲拨动开关到短片拍摄

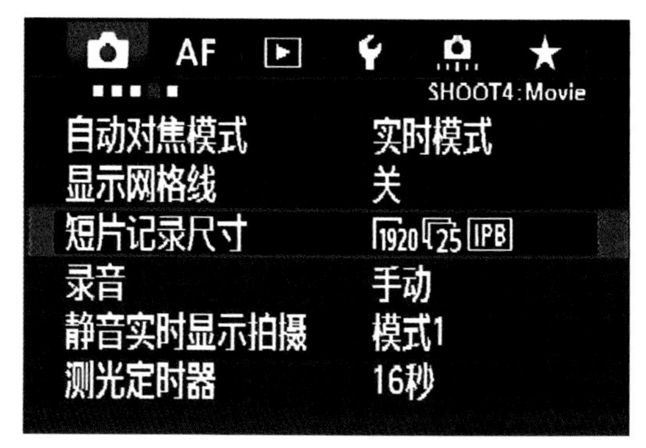

▲短片记录尺寸选项

短片记录尺寸用于设置短片的图像尺寸、每秒帧频和压缩方法。

短片图像尺寸：可选择高清（Full HD，分辨率1 920×1 080，长宽比16：9）、高清（HD，分辨率1 280×720，长宽比16：9）以及标清（分辨率640×480，长宽比4：3）3种短片记录尺寸。

帧速率：可选择 30 / 60（用于NTSC制式）、25 / 50（用于PAL制式，适合我们中国用户）和 24（用于电影拍摄）。

压缩方式：可选择 IPB（具有高压缩率，文件尺寸更小，可以拍摄更长时间）和 ALL-I（文件尺寸较大，文件品质更好，更加适合后期剪辑）。

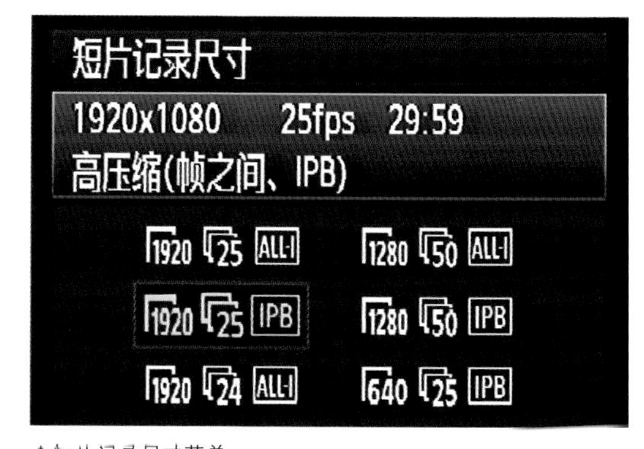

▲短片记录尺寸菜单

技巧·提示

使用数码单反相机拍摄视频时会有拍摄时长的限制，它也许不能完成我们预期的长镜头拍摄。使用以前的机型拍摄短片时，当单个短片拍摄的文件尺寸达到4G，短片拍摄将自动停止。想要继续拍摄短片，必须重新录制新的短片。使用EOS 5D Mark III 拍摄时，如果短片的文件尺寸超过4G，会自动创建一个新的短片文件，连续不断地进行拍摄。

不同短片记录尺寸、可拍摄的时间和文件大小如下表，拍摄前可以按照自己的短片用途、所处国家以及地区、存储卡的容量等进行选择。

短片记录尺寸			8G存储卡可拍摄的时间	文件大小
1920×1080	30 25 24	IPB	32min	258MB/min
	30 25 24	ALL-I	11min	685MB/min
1280×720	60 50	IPB	37min	205MB/min
	60 50	ALL-I	12min	610MB/min
640×480	30 25	IPB	1h37min	78 MB/min

技巧 · 提示

长时间进行短片拍摄或环境温度过高时， 会导致相机内部温度过高。液晶屏幕上将出现白色标记，表示应该停止拍摄并让相机冷却。如果仍连续拍摄，温度继续升高，会出现红色标记，表示温度过高，短片拍摄将自动停止。

▲5D Mark III拍摄的高品质视频截图

▶ 几台相机同时拍摄时的时间码设置

时间码是管理短片记录时间的功能，将时间信息添加到短片数据中。活用时间码能够在编辑多台相机所拍摄的多个短片时同步短片，提高编辑的工作效率。时间码的记录方式有两种，即记录时运行只在短片拍摄期间计时；自由运行不管是否正在拍摄，时间码都计时。使用几台相机从多个机位同时拍摄时，建议设置为自由运行，以便于后期剪辑时快速对位。

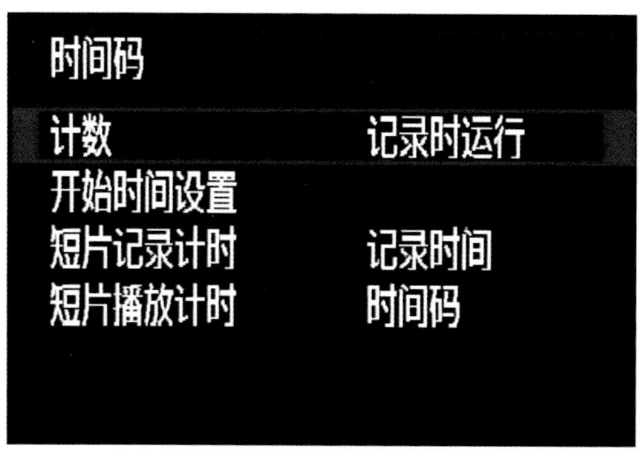

▲时间码选项

▲时间码计数的选项

▶ 设置同步录音功能

同步录音功能用于设置在短片拍摄过程中是否启动录音功能，建议设置为开启状态。同步录音功能能够帮助我们记录和回忆现场情形，在后期剪辑时，可以此作为参考依据进行重新配音、配乐。录音包括自动、手动和关闭3个选项，通常设置为自动即可。

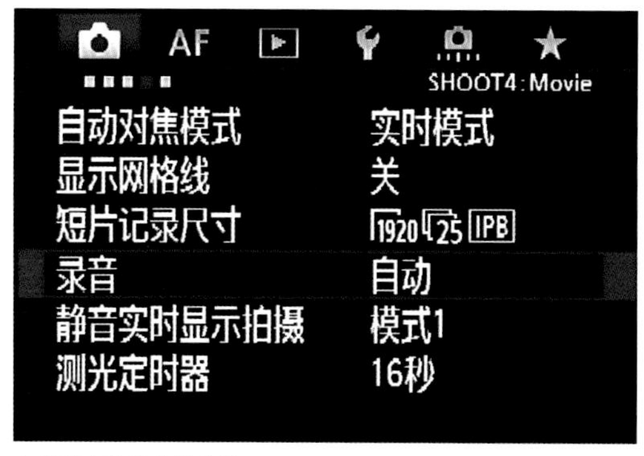

▲录音在菜单中的位置

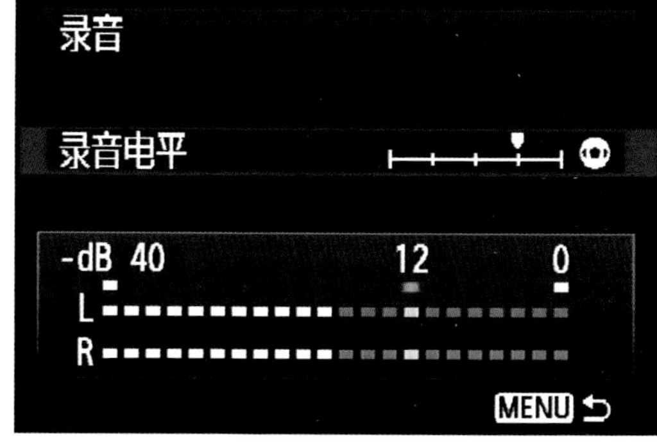

▲录音界面

技巧·提示

EOS 5D Mark III内置了单声道音频录制功能，但是用内置麦克风时也会收录到图像稳定器、自动对焦马达、合焦提示声等操作声音。在短片拍摄时，最好还是通过MIC接口外接3.5mm立体声插头的外接麦克风，来实现立体声录制声音。外接指向性麦克风的方向性更强、录音更加清晰，防风罩设计也能够有效地避免收入周围的杂音。更重要的是，可以在短片中录制充满现场感的立体声声音。

▶ 手动设置录音音量，避免音量忽高忽低

EOS 5D Mark III录音设置中的手动适合高级用户，选择此项设置之后，可以进行电平64级调节，能够非常方便地固定声音音量的大小。在不希望随着环境的变化，声音忽大忽小起伏不定时，可以把录音设置为手动。

此外，在室外大风环境中拍摄时，还可以启用风声抑制功能。这样，风的噪声将被减弱。需要注意的是，某些低音也可能被削弱。在没有风的场所拍摄时，建议设置为禁用以录制更自然的声音。

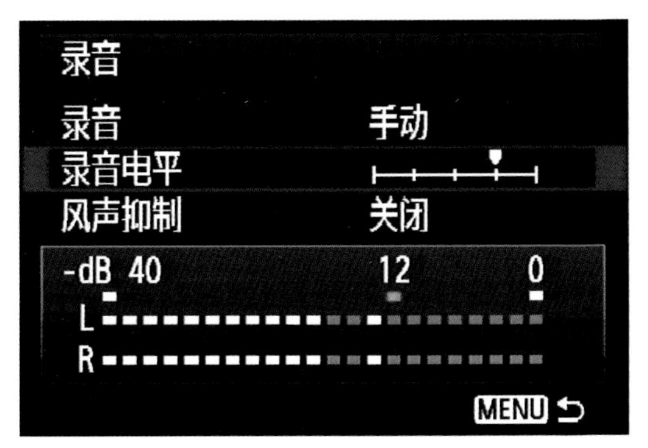

▲录音电平的设置

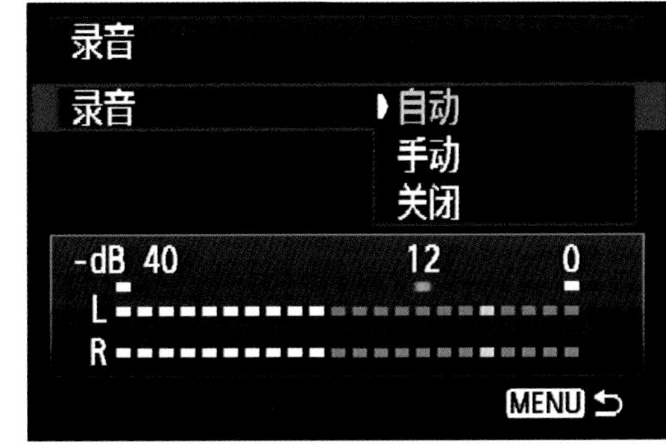

▲录音设置选项

▶ 避免短片拍摄时录入操控相机的声音

使用数码单反相机拍摄短片时，很容易将相机操作、镜头驱动等声音收录到影片中。EOS 5D Mark III 为了解决这个问题，在数控转盘内环上搭载了可静音操作的触摸盘。在拍摄5菜单中将静音控制设置为启用，在短片拍摄期间仅需轻触触摸盘的上下左右就能调节快门速度、光圈值、ISO感光度、曝光补偿、录音电平等设置。在拍摄短片时，强烈推荐启用此项功能。

▲静音控制的位置

▲静音控制的界面

6.2 自动曝光拍摄短片

毕竟录制视频与拍摄照片不同，视频的拍摄需要把控更多方面。短片拍摄初学者可以使用自动曝光拍摄短片，操作非常简单，只需要3个步骤就可以开始拍摄。首先，将模式转盘设置为场景智能模式、P（程序自动模式）或者B（B门）曝光模式，然后按照以下的步骤操作。这3种模式都会进行自动模式控制以适应场景的当前亮度。

01 启动短片拍摄功能

启用短片拍摄功能，把实时显示拍摄/短片拍摄开关切换到 '' 挡，进入短片拍摄模式。此时，会自动启用实时取景模式，在液晶屏幕上查看景物。

02 对景物对焦

半按快门按钮对准备拍摄的对象对焦。对焦框变为绿色，并自动调整光圈、快门速度和ISO感光度。

03 拍摄短片

按下机身的短片拍摄按钮START/STOP 开始录制，屏幕上显示录制标记 ●。再次按下短片拍摄按钮则可以停止录制。

技巧 · 提示

为了在复杂光线下更好地控制短片拍摄，除了自动曝光拍摄，EOS 5D Mark III也允许使用Av（光圈优先）、Tv（快门优先）、M（手动曝光）拍摄短片，这些拍摄方式适合更专业的拍摄需求，能够有效地在复杂的光条件下拍摄。拍摄短片之前，只需要按照拍摄照片相同的方法设置光圈值、快门速度、ISO感光度、曝光补偿等参数即可。

需要注意的是，不推荐在短片拍摄期间改变光圈值和快门速度，否则，调整过程中的曝光变化也会被记录。拍摄移动主体的短片时，推荐快门速度是1/30～1/125s。快门速度越快，主体的移动看起来越不平滑。

6.3 机内短片剪辑功能

01 选择要剪辑的短片

按下播放按钮▶，选择要剪辑的短片，按下SET按钮在屏幕下方显示短片编辑面板。使用数控转盘选择✂剪辑功能，按下SET按钮显示短片剪辑屏幕。

02 指定要剪辑的内容

根据需要选择✂（剪辑首段）或者✂（剪辑尾段），然后按下SET键进入剪辑状态。使用多功能控制按钮查找要剪辑的位置。按住多功能控制按钮可以快进数帧，转动速控转盘则可以逐帧查看。确定要删除的内容后，按下SET按钮，屏幕上将以蓝色显示将被保留的内容。

03 保存剪辑后的短片

选择屏幕上的播放按钮▶再按SET按钮播放剪辑后的短片。确认剪辑操作后，选择选项，再按下 SET按钮。这样，可以把短片保存为新文件或者覆盖原先的文件。

6.4 使用电视机观看拍摄的高清短片

为了适应更广泛的需求，高清画质的帧频增加了50fps。因为50fps 在1s内可记录约50张图像，能够更加流畅地记录、播放高速动作。一般电视上播放的影像多为25fps记录，50fps的帧频相当于其约2倍的记录速度，因此将播放速度减半以慢动作播放也能得到自然的慢镜头影像表现。

▲相机的输出端

6.5 设置视频制式

拍摄完成的短片、广告、微影等通常也会在电视上播，这就需要设置视频制式（电视制式）。每个国家和地区所采用的视频制式是不同的，如果选择错误的视频制式，影片在播放时，将会出现比例变形或者被切的现象，所以在拍摄之前一定正确设置视频制式，在设置3菜单中，选择视频制式选项，可以选择NTSC或PAL制式，国内应选PAL制式。

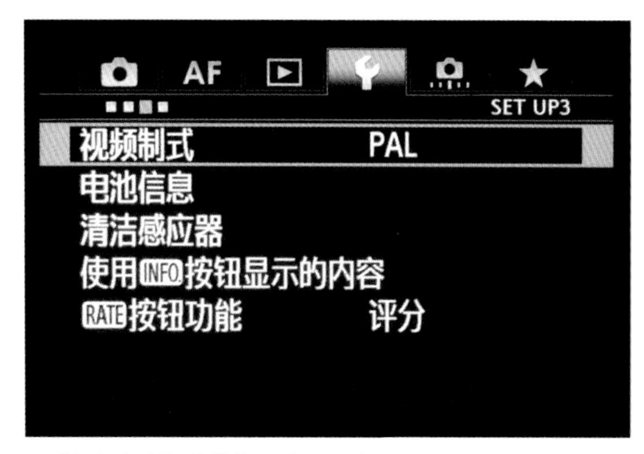

▲“视频制式”菜单位于“设置3”菜单下第1位，按下SET按钮进入菜单设置页面

▲共有两个选项进行选择：NTSC及PAL。根据自己的需要来选择适当的设置

佳能

EOS 5D Mark III

数码单反摄影从入门到精通

07

佳能EOS 5D Mark III镜头与附件的选择

佳能镜头的名称解读
佳能镜头的种类
镜头的焦距
顶级广角变焦镜头大三元之一：EF16～35mm f/2.8 L II USM
顶级标准变焦镜头大三元之二：EF24～70mm f/2.8 L USM
EF24～70mm f/2.8 L II USM
顶级中长焦变焦镜头大三元之三：EF70～200mm f/2.8 L IS II USM
经济型广角变焦镜头小三元之一：EF17～40mm f/4 L USM
兼顾轻便与画质的多用途镜头小三元之二：EF24～105mm f/4 L IS USM
轻量型中长焦变焦镜头小三元之三：EF70～200mm f/4 L IS USM
轻量型中长焦变焦镜头小三元之三：EF70～300mm f/4 L IS USM
专业旅行镜头一镜走天下：EF28～300mm f/3.5～5.6 L IS USM
专业人像镜头：EF50mm f/1.4 /EF 85mm f/1.2 L II /EF135mm f/2 L USM
高性价比微距镜头：EF100mm f/2.8 Macro USM
L级微距镜头：EF100mm f/2.8 L Macro IS USM
佳能EOS 5D Mark Ⅲ附件选择与详解

7.1 佳能镜头的名称解读

镜头的名称包含了很多的数字和字母，我们或许平时不会细究，甚至提及某款镜头时都没能念全它的名字。其实镜头的各个数字、字母都代表了特定的含义，了解了这些标记能有助于了解镜头的特性，在选购镜头时也会有很大帮助。

相机镜头的名称是表示各自性能的关键字。掌握这些数字与标记的含义后，只要看到镜头就能大致了解它的性能与用途。

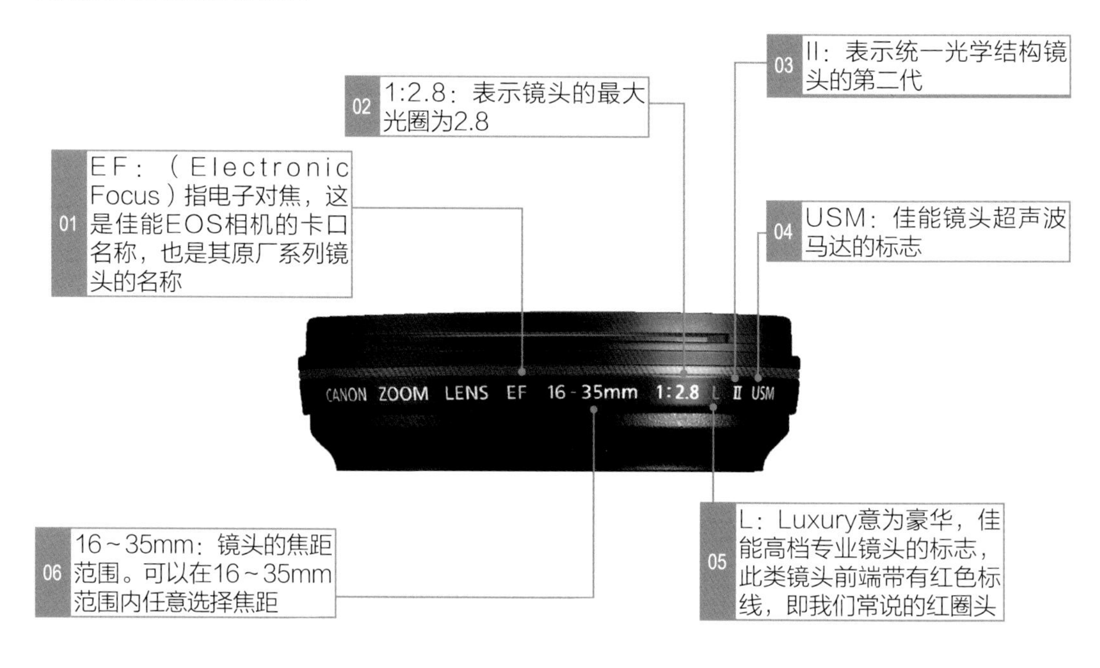

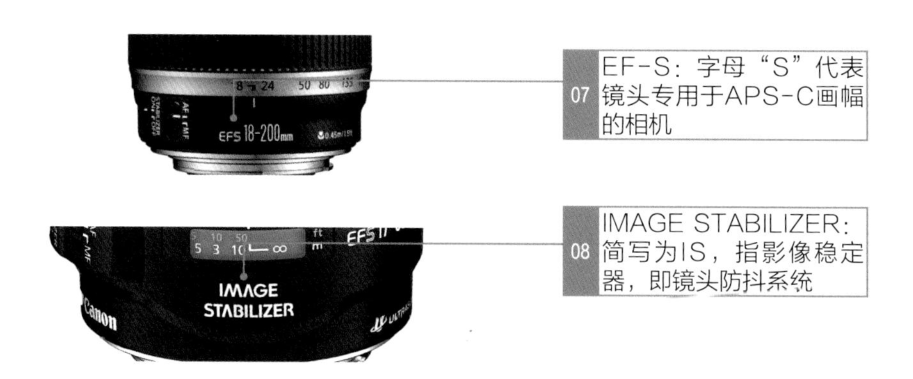

以 EF 24～70mm f/2.8 L II USM 镜头为例，解读佳能镜头名称：

EF 24~70mm f/2.8 L II USM

7.2 佳能镜头的种类

佳能拥有庞大的镜头群，包括鱼眼镜头、广角定焦镜头、标准定焦头、长焦定焦头、广角变焦头，标准变焦头、望远变焦头、微距镜头、移轴镜头、增距镜头等。

▶ 变焦镜头

变焦镜头最大的优点就是可以方便地调整焦距变换景别。比如我们使用的佳能EF 24～105mm f/2.8 L USM变焦镜头，只需转动镜头筒就可以获得24～70mm之间的任意焦距。

但兼顾全面的焦段与优异的画质是很难办到的，不过现在佳能经过技术方面的不断创新，目前变焦镜头的成像效果越来越接近定焦镜头。

▲ EF 24～105mm f/4 L IS USM

广角镜头拍摄的照片更多展示的是气势磅礴的场景

光圈：f/24　快门速度：1/100s　感光度：ISO320　曝光补偿：+0

▶ 定焦镜头

定焦镜头的特点是：焦距不可调节；结构简单，价格较低廉；畸变较小；成像质量优异；更柔美的焦外成像；合焦快速准确等。在相同焦段下，定焦头往往可以和价值数万元的专业镜头媲美。

定焦镜头拥有更好的色彩还原和景深控制。不仅如此，它们在人像摄影中还有一项变焦镜头不具备的优势——统一的风格。使用同样的定焦镜头拍摄大部分传统人像照片，这样能形成统一的风格和影调。

如果你还在使用浮动光圈的套机变焦镜头，我强烈建议你至少买一支大光圈定焦镜头吧。

对拍摄室内活动的摄影师来说，第一件事也许就是考虑镜头光圈问题。对专业拍摄来说，任何小于f/2.8光圈的镜头都无法胜任。即使你用的是高感效果不错、噪点很少的相机。你肯定不希望因为抖动或机震而错过精彩的照片。那么此时一支大光圈镜头至关重要。

▲佳能 EF 85mm f/1.2 L II USM（人像王）

定焦镜头常用来拍摄人像

光圈：f/5.6 快门速度：1/500s 感光度：ISO200 曝光补偿：+0.3EV

▶ 广角镜头

广角镜头焦距很短，一般35mm以下。通常为24～35mm，视角为60°～84°，超广角镜头的焦距为13～20mm，视角为94°～118°。广角镜头最大的特点是焦距短，视角大，在较近的拍摄距离范围内，能拍摄到更大场面的景物。

如果使用极为广的镜头，就很容易产生畸变，这种畸变在画面边缘会尤为明显。利用这种畸变也可以制造有趣的拍摄效果，在创意摄影中有一定的使用价值。

广角镜头还可呈现较大的景深，前景和背景一样清晰，很适合拍摄较大场景的照片，如建筑、风景等题材。它在狭窄的空间里也可以大展身手，当空间太小我们无法站远来拍全景，此时一支广角镜头就能搞定。

▲佳能 EF 16～35mm f/2.8 L II USM 镜头算是佳能EF的最好的一款广角镜头，它是EF 16~35mm f/2.8 L USM镜头的全面升级版

用焦距24mm，拍摄出广阔视野的风景图片，可以看到相当优秀的画质

光圈：f/16　快门速度：1/600s　感光度：ISO100　曝光补偿：+0

▶ 长焦镜头

长焦镜头又称远摄镜头、望远镜头。焦距从135~800mm不等，有的甚至更长。

我们在拍摄远处物体的过程当中，往往会发现镜头焦距过短，拍不到物体的细节，这就需要用上长焦镜头，它能很好地表现远处景物的细节，拍摄一些我们不容易接近的拍摄体，特别是在野生动物拍摄中，选择一支合适的长焦镜头不仅可以给我们很多的创作机会，而且长焦镜头的特点一是视角小。所以，拍摄的景物空间范围也小，适用于拍摄远处景物的细部和拍摄不易接近的被摄体。

二是景深浅。长焦镜头能使处于杂乱环境中的被摄主体更加突出。但这给精确调焦带来了一定的困难，如果在拍摄时调焦稍微不精确，就会造成主体虚掉，这就要求我们在拍摄的时候一定要注意对焦点的把握。

三是透视效果差。这种镜头具有明显的压缩空间纵深距离和夸大后景的特点。

▲佳能 EF 300mm f/2.8 L IS USM

长焦镜头拍摄绿叶上的水珠

光圈：f/6.3　快门速度：1/500s
感光度：ISO100　曝光补偿：+0

长焦镜头拍摄时使用三脚架

使用长焦距镜头拍摄，一定要使用安全快门，如使用200mm的长焦距镜头拍摄，其快门速度应在1/250s以上，以防止手持相机拍摄时照相机震动而造成影像虚糊。特别是在光线比较暗的情况下，我们还要考虑到使用高感光度来进行拍摄，以保证照片的清晰完美。在一般环境下，为了保持照相机的稳定，以获得清晰的画面，我们最好将照相机固定在三脚架上来进行拍摄。

▶ 微距镜头

对于一个摄影师来说，可能在拍摄的过程当中会遇到这样的问题：拍摄主体太小，如果拍摄出来，主体在画面上很小，难以表现，放大又会降低画质。其实解决这样的问题也很简单，只需要更换一个微距镜头，它是一种可以近距离对被拍摄体进行聚焦的镜头，它能使复制比例达到1:1，也就是在数码单反相机感光元件上形成影像的大小与拍摄体真实的大小差不多相等，所以在拍摄很小的拍摄体的时候，就可以很好地在照片上表现出细节与质感。

微距镜头实际上有多种焦段，既有50mm的微距镜头，也有100mm的微距镜头或70~180mm的微距变焦镜头，给镜头冠以“微距”的名称，只不过是说明这种镜头除了具有普通镜头的功能外，跟一般镜头相比还可以聚焦更近的被摄体，以便在数码相机感光元件上形成实物般大小的影像。

微距镜头对于拍摄小物体颇具价值，比如昆虫、花卉、邮票、戒指、小首饰等。它可以使这样的小物件儿在照片上完美再现，包括物体的大小、形状、色彩、质感等细节。

▲EF 100mm f/2.8 L IS USM

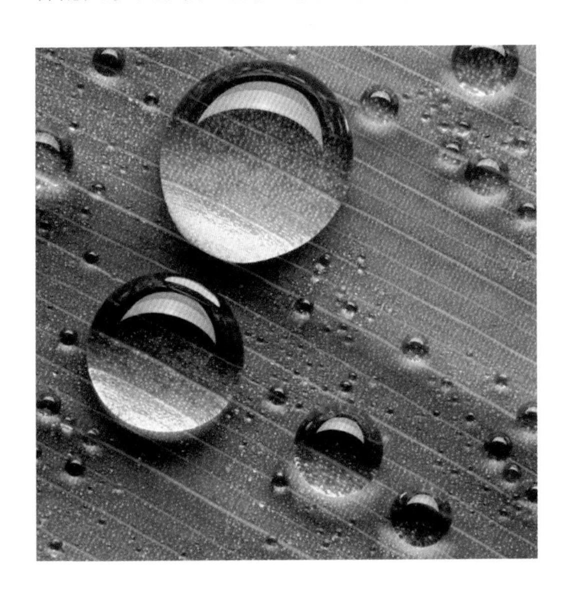

微距镜头下可以看到肉眼看不到的细致画面

光圈：f/4　快门速度：1/125s　感光度：ISO100
曝光补偿：+0

使用微距镜头的时候要注意：

在使用微距镜头的时候要注意以下几点：

第一点是景深方面的问题。在1:1放大率下，当我们使用最大光圈拍摄的时候，景深小于1mm小景深在对焦的时候很难控制的，即使是很轻微地动一下对焦圈，图片的焦点可能就发生了偏离。

第二点是高度扩大所影响的画面虚化的问题。当物体被高度扩大时，任何移动和不稳都会造成画面虚化，所以为了得到更好的画面效果，拍摄的时候，最好使用三脚架，有快门线更好。

微距放大后的画面

光圈：f/5.6　快门速度：1/400s　感光度：ISO100　曝光补偿：+0.3EV

7.3 镜头的焦距

焦距是我们在选购镜头时的一个重要指标，焦距不同的镜头拍摄到的范围也相应有很大的变化。焦距的长短决定了被摄物在感光元件上的成像大小，镜头焦距越长成像越大，焦距越短成像越小。正是因为焦距的不同，才有了定焦、变焦、长焦、广角等不同类型的镜头。

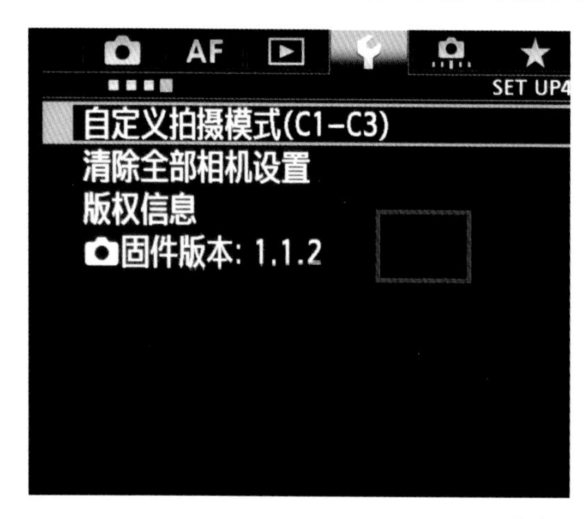

▲镜头上标注的焦距信息

镜头上标注的焦距信息

焦距与视角的关系如图所示，焦距越偏向广角时视角越宽。视角根据镜头焦距长短变化而发生变化，焦距变长时视角变窄。在实际拍摄时，若考虑与被摄体的距离因素，照片的风格会发生很大的变化，但焦距与视角的关系并未发生改变。当被摄体与相机的位置一定时，采用远射区域可以使被摄体放大，而广角区域则使被摄体缩小。

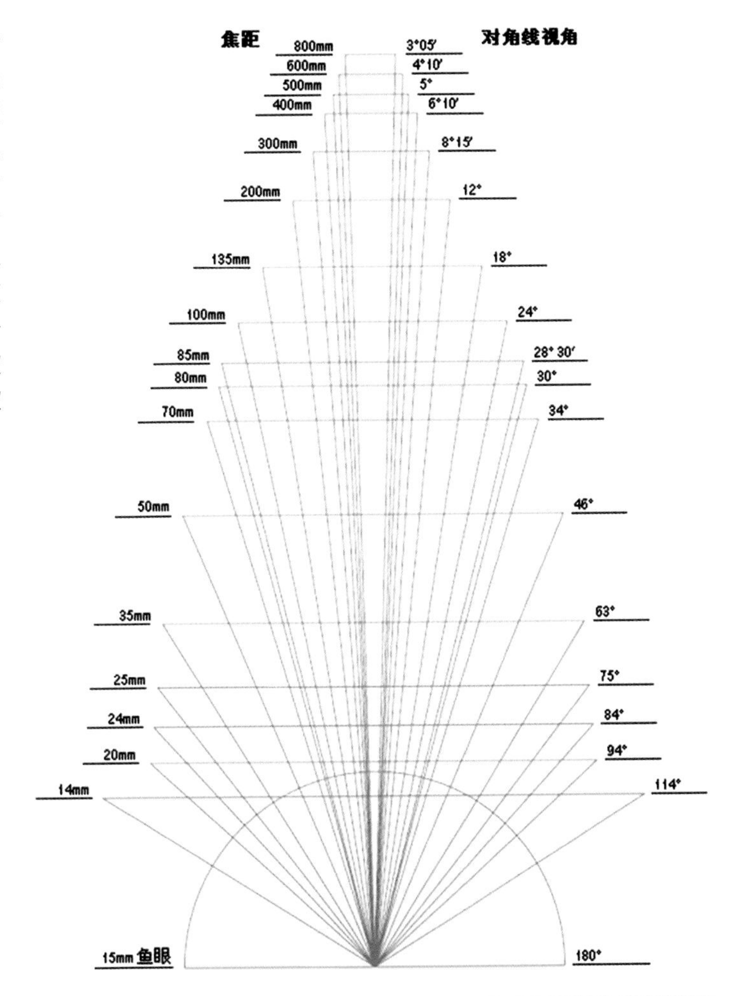

镜头焦距的换算

镜头所固有的焦距是不变的，但镜头安装在不同的单反相机上使用时，由于不同的相机采用的图像感应器的尺寸也不尽相同，因此会造成同一镜头在不同画幅相机上所拍摄的范围不同。图像感应器尺寸越小，所得到的视角就会随之变得更加狭窄。为了衡量这种差异，特别引入了焦距换算系数这一概念，即利用这个系数乘以镜头的固有焦距，就可以换算到安装在此相机下镜头的等效焦距。

等效焦距=镜头焦距×焦距换算系数

例如焦距为16~35mm的镜头，安装在EOS 5D Mark III这样的全画幅机身上，镜头焦距仍为实际焦距16~35mm。若安装在EOS 60D、EOS7D这样的APS-C画幅机身上时，要乘以系数1.6，就等于在传统机身上安装了25.6~56mm的镜头。所拍摄的画面大小由16~35mm的视角缩小为25.6~56mm的视角。

也就是镜头安装在APS-C尺寸的相机上时，镜头的等效焦距变大，同时视野变小，可拍摄到的景物更远。例如300mm焦距的镜头安装在APS-C尺寸的相机上时，可以说就变成了480mm的超远摄镜头。

7.4 顶级广角变焦镜头大三元之一：EF16~35mm f/2.8 L II USM

大三元是指佳能的三支 f/2.8 恒定光圈变焦镜头，包括广角镜头 EF 16~35mm f/2.8 L II USM、标准镜头EF 24~70mm f/2.8 L USM、广角镜头EF 70~200mm f/2.8 L USM，这三支镜头覆盖了从广角端到长焦的最常用焦段。由于采用了恒定大光圈，可以在弱光环境下手持拍摄，也能够获得优秀的背景虚化效果，它们都是顶级的L级镜头，因此被称为“大三元”。

▲ EF 16~35mm f/2.8 L II USM

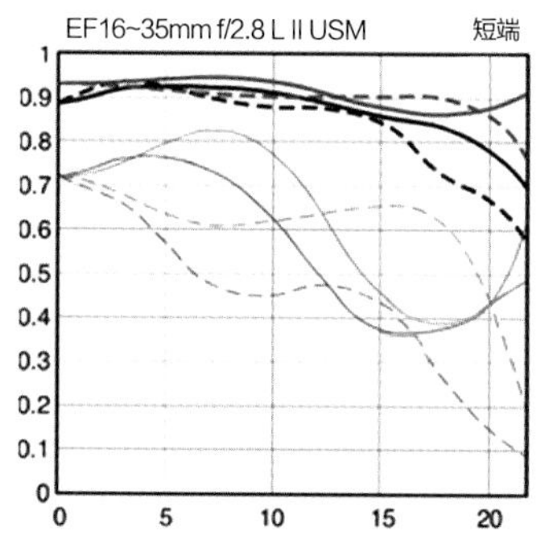

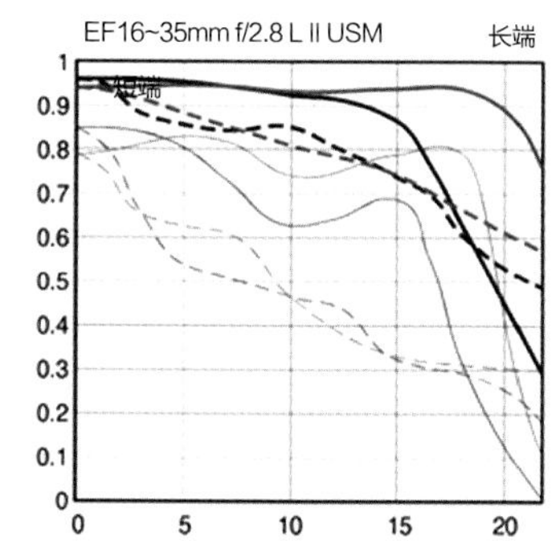

▲ MTF 曲线（镜头画质图）

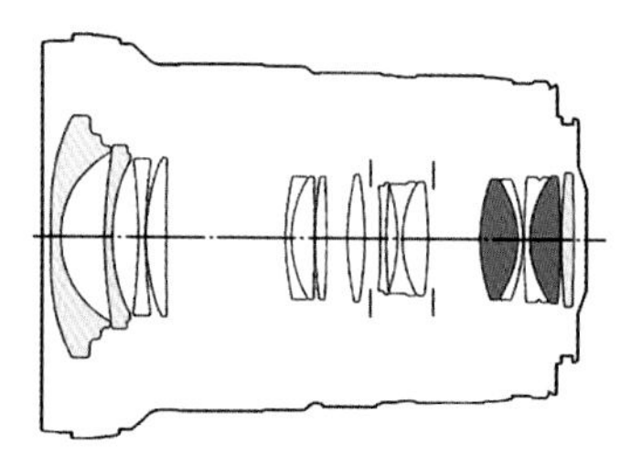

▲ 镜头结构图

EF16～35mm f/2.8 L Ⅱ USM 详细规格：	
焦距和最大光圈	16～35mm，f/2.8
光学结构	16片12组
对角线视角	108°10′～63°
调焦系统	环形超声波马达，后组调焦系统，全时手动对焦
光圈叶片	9片
最近调焦距离	0.28m，0.22 倍放大率
滤镜口径	82 mm
镜头尺寸	88.5 mm x 111.6 mm
重量	635g
遮光罩	EW-88（附送）

性能

佳能的一代EF16~35mm f/2.8 L USM就以拥有EF变焦镜头中最广的视角、超大的光圈、大变焦和高速的AF性能而自豪。EF16~35mm f/2.8 L II USM是它的升级版，光学结构是完全重新设计过的，12组16片的镜片中使用了2片 UD超低色散镜片以及3 片非球面镜，能够更有效地校正畸变、提高画质。镜头滤镜口径也由之前的77mm增加到了82mm，EF16~35mm f/2.8 L II USM比上一代EF16~35mm f/2.8 L USM有更好的分辨率和明显减轻的暗角。

覆盖超广角的焦段，f/2.8的恒定大光圈可以轻松应对晨昏、室内弱光环境拍摄，而且镜头进行了防水防尘密封处理，深受新闻和风光摄影师的喜爱。能够获得宽广的视野，场景细节也能够真实再现。

开阔的视野使人心情舒畅，画面富有故事感

光圈：f/28　快门速度：1/400s　感光度：ISO100　曝光补偿：+0.3EV

评价

在数量众多的各类镜头中，广角镜头相对难以驾驭，但却能够彰显个性。它能够允许我们在很近的距离内拍摄到宽广范围的景物，而且视角越宽透视感越强。充分利用这一特点可以拍出夸张效果，获得具有冲击力的视觉表现。对喜爱风光摄影的摄影师们来说，广角镜头是不可或缺的。

虽然广角镜头容易发生畸变，不利于刻画人物，但使用广角镜头，低角度靠近模特拍摄时，能够使模特的腿部变得修长。

这支镜头的最大光圈时表现明亮，不仅利于在弱光下保持安全快门拍摄，而且非常利于取景器观察，它清爽的色调和丰富的层次，会为我们带来满意的画面效果。

逆光拍摄树林里的暗调影像

光圈：f/16　快门速度：1/100s　感光度：ISO100
曝光补偿：+0.3EV

将照片拍摄得更大气

风景的拍摄注重画面的气势，而那些所谓“大气”的照片都有一些共性，就是能使欣赏者感受到一种震撼的气势。而想要达到这样的效果一般离不开广角镜头。因为如果你的镜头不够“广”，就很难表现出场景本身的气势。

另外，也可以通过利用透视来突出气势，例如利用线性透视，特别是在仰拍时效果最为强烈。也可以利用陪体的衬托，常用的莫过于天空中的云彩。

7.5 顶级标准变焦镜头大三元之二：EF24～70mm f/2.8 L USM EF24～70mm f/2.8 L II USM

这两支镜头为标准变焦镜头，包括广角到中长焦的焦段，这种镜头通常是摄影初学者步入镜头世界的第一步，但也是顶尖摄影师最常用的镜头。变焦区域以最接近人眼透视的50mm焦距为中心，从可以包括整个场景的宽阔广角端一直到集中视线于其中一点的中长焦段，都非常接近人眼视觉习惯。我们可以用这种镜头将景物记录成我们所看到的画面一样，尤其在家庭外出度假和日常生活摄影中，它通常能够解决我们所遇到的大多数情况。

24～70mm焦段是常用到的焦段，符合人的视觉习惯

光圈：f/8　快门速度：1/250s　感光度：ISO100　曝光补偿：+0

▲ EF 24～70mm f/2.8 L USM

▲ EF 24～70mm f/2.8 L II USM

EF24～70mm f/2.8 L USM详细规格：	
焦距和最大光圈	24~70mm f/2.8
光学结构	16片13组
对角线视角	84° ~34°
调焦系统	环形USM超声波马达，内对焦系统，全时手动对焦
最近调焦距离	0.38m，0.29倍放大率
最小光圈	f/22
变焦系统	旋转型
滤镜口径	77mm
最大直径×长	83.2 mm×123.5 mm
重量	950g
遮光罩	EW-83F（附送）

性能

EF 24~70mm f/2.8 L USM 以及新一代产品EF 24~70mm f/2.8 L II USM都是大光圈标准变焦镜头。EF 24~70mm f/2.8 L USM第一次将L系列标准变焦镜头的广角端扩展到了更常用的24mm，因此即便在配合感光元件面积小于35mm胶片相机的数码单反相机时，也可以在一定程度上拍摄广角照片。EF 24~70mm f/2.8 L USM使用了两片高成本的非球面镜片，结合一片UD镜片来校正色差；优化的镜头镀膜有更好的反光抑制效果，这些经常出现在广角镜头中的设计保证了这款镜头更高的画面质量。

新一代EF 24~70mm f/2.8 L II USM增加了超级UD镜片实现了整个变焦内的更高画质。通过配置多片非球面镜片和超级UD镜片等特殊镜片，实现了整个变焦范围内的更高画质。即使在远摄端70mm时也能得到最大光圈f/2.8的明亮效果。EMD电磁驱动光圈搭载了9片叶片的圆形光圈，同时实现了满足高像素时代需求的锐利画质和柔和的大幅虚化效果。与上一代产品相比，镜头口径达到82mm，但镜身缩短了约10.5mm并减轻至805g，更加提高了拍摄时的机动性和便携性。

这两款镜头的小型化、轻量化也让摄影师方便携带，广泛适用于拍摄人像、婚礼、会议、风光等。

评价

这两款镜头具有严密的防尘、防潮结构。另一方面，安静、迅速的自动对焦系统、全时机械手动调焦、宽变焦环设计，又使这款镜头易于使用。

恒定大光圈提供了美丽的虚化效果，同时有效地提升了弱光下的拍摄性能。

不过遗憾的是它们还是没有用IS技术，也许是为了保证更好的画面质量吧。使用EF24～70mm f/2.8 L USM拍摄风景时，拥有广角视角的同时，画面畸变较小，透视效果接近人眼观察效果，呈现出自然的视角。收小光圈时可以得到非常锐利的效果。在24～35mm广角端有很好的变形控制；50～70mm中焦段拍摄时能够呈现自然的视角，获得构图紧凑的照片。

虚化后景，拍摄主体人像

光圈：f/3.5　快门速度：1/1250s　感光度：ISO100
曝光补偿：+0.3EV

7.6 顶级中长焦变焦镜头大三元之三：EF70~200mm f/2.8 L IS II USM

性能

这款镜头于2010年推出，被人们爱称为“爱死小白”，是专业摄影师和摄影发烧友常用的人气款EF 70~200mm f/2.8 L IS USM的进化版，光圈大，十分明亮。在体育摄影、人像摄影、风光摄影等领域均有广泛应用。镜头采用了5片UD（超低色散）镜片和1片萤石镜片，对色像差进行了良好的补偿。采用优化的镜片结构以及超级光谱镀膜，能够有效抑制数码单反相机中易出现的眩光与鬼影。而经过强化的手抖动补偿机构IS影像稳定器可带来相当于约4级快门速度的手抖动补偿效果。

镜身采用了防水滴、防尘结构，实现了更高的耐用性与牢固性，能够满足专业摄影师在苛刻拍摄条件下放心使用。另外，镜头的最近对焦距离也缩短至约1.2m，是一款使用自由度进一步提升的高端远摄变焦镜头。

▲ EF 70～200mm f/2.8 L IS II USM

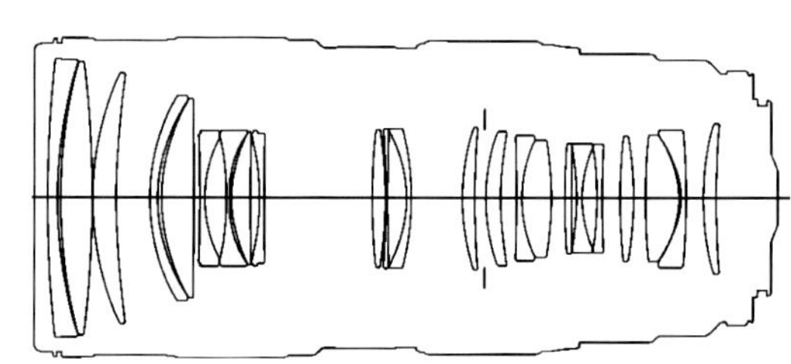

▲ 镜头结构图

EF70～200mm f/2.8 L IS II USM详细规格：	
焦距和最大光圈	70～200mm f/2.8
光学结构	23片19组
光圈叶片	8片（圆形光圈）
调焦系统	环形USM超声波马达
最近调焦距离	1.2m，0.21倍放大率
最小光圈	f/32
变焦系统	旋转型
滤镜口径	77mm
最大直径×长	88.8 mm×199 mm
重量	1 490g
手抖动补偿效果	4级

5D Mark Ⅲ+70~200mm拍摄出完美画质的人像

光圈：f/3.5　快门速度：1/500s
感光度：ISO100　曝光补偿：+0.3EV

评价

EF 70~200mm f/2.8 L IS II USM 是中长焦段不可替代的主力镜头，覆盖了摄影师们高频度使用的焦段。环形USM超声波马达可以实现宁静高速的自动对焦，对焦速度非常快，能够帮助我们准确抓住快门时机。全新的防抖补偿功能改进了影像稳定能力，按下快门后影像稳定功能可以瞬间生效（在0.5s后）。它的画质也是非常出色，大光圈搭配较长的焦段可以拍摄出非常漂亮的虚化效果。因此，不仅适合拍摄风光、花卉、动物等，在人像摄影中也广泛使用。

7.7 经济型广角变焦镜头小三元之一：EF17~40mm f/4 L USM

“小三元”指的是佳能的三支 f/4 恒定光圈的变焦镜头，包括广角变焦镜头 EF 17~40mm f/4 L USM、标准变焦镜头 EF 24~105mm f/4 L IS USM 和中长焦变焦镜头 EF 70~200mm f/4 L IS USM。三支镜头覆盖了从广角到长焦的常用焦段，镜头等级率低于“大三元”，但依然是能够获得专业画质的L级红圈头，画面层次细腻，色彩还原准确。相对于大三元来说价格平易近人，再加之重量相对较轻，便携性好，是喜爱远途拍摄的用户的经济之选。

性能

EF 17~40mm f/4 L USM是2003年初推出的，它覆盖了风光摄影师们最爱的从超广角的17mm到标准的40mm的焦距范围。这支镜头下料也很足，其中第1片的玻璃铸模非球面镜片口径达到55mm，在EF系列镜头中是最大的；第2片和第11片也是非球面镜片；第10片是UD玻璃镜片，用于对放大型色差提供尽可能精准的校正。

它的成像素质十分出色，从解像力的均匀度方面，收小一挡光圈后会得到大大改善。镜身具有优异的防尘、防潮性能。即使在小雪、降雨、冰上等恶劣环境中也能放心使用，而且体积轻重量小，使它极其便于外出拍摄。在风光、建筑、人文、环境人像的拍摄中有非常优秀的表现。

▲ EF 17~40mm f/4 L USM

EF17-40mm f/4 L USM详细规格：	
焦距和最大光圈	17~40mm f/4
光学结构	12片9组
对角线视角	104° ~57° 30′
调焦系统	环形USM超声波马达，内对焦系统，全时手动对焦
最近调焦距离	0.28m，0.24倍放大率
最小光圈	f/22
变焦系统	旋转型
滤镜口径	77mm
最大直径×长	83.5 mm×96 mm
重量	475g
遮光罩	EW-83E（附送）

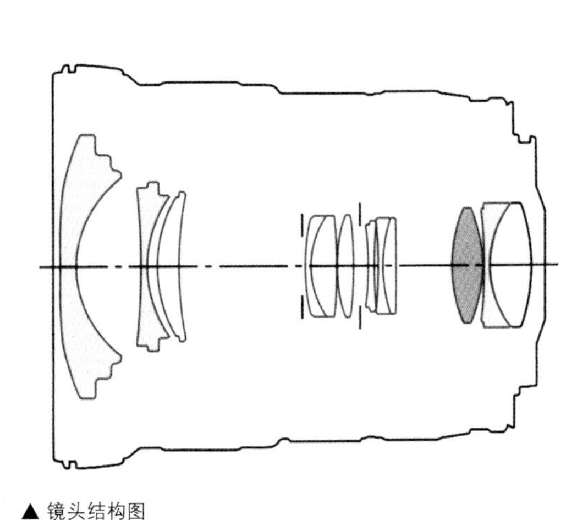

▲ 镜头结构图

17~40mm可以包容更为宽广的背景

光圈：f/5.6　快门速度：1/400s　感光度：ISO200
曝光补偿：+0.3EV

评价

超广角变焦镜头一直以来不仅仅是新闻摄影师、纪实摄影师的最爱，也越来越多地被其他领域的摄影师所接受，成为快速拍摄不可缺少的镜头。EF 17~40mm f/4 L USM 小巧轻便，能赋予宽广的视野，得到锐利的画面，并且价格十分亲民，使我们不得不对它更加偏爱。

对于爱好旅行的摄影师来说，与70~200mm 的镜头配合使用，几乎可以在所到地方拍出任何想要的画面。

虽然最大光圈f/4，在虚化能力上受到一定程度的限制，不过鉴于常用它来拍摄大场景，这点也不足为虑了。再搭配上5D Mark III强悍的高ISO噪点抑制性能，弱光环境下拍摄也可以胜任。EF 17~40mm f/4 L USM不愧为一款超高性价比的镜头。

7.8 兼顾轻便与画质的多用途镜头小三元之二：EF24~105mm f/4 L IS USM

▲ EF 24~105mm f/4 L IS USM

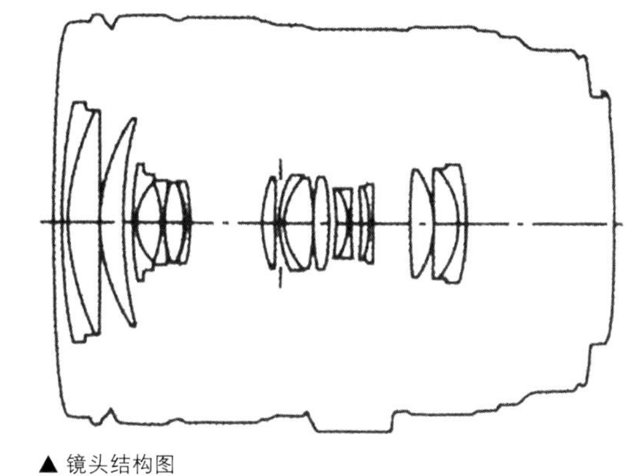

▲ 镜头结构图

EF 24~105mm f/4 L IS USM详细规格：	
焦距和最大光圈	24~105mm，f/4
光学结构	18片13组
对角线视角	84°~19°20′
调焦系统	环形USM超声波马达，内对焦系统，全时手动对焦
最近调焦距离	0.28m，0.24倍放大率
最小光圈	f/22
变焦系统	旋转型
滤镜口径	77mm
最大直径×长	83.5mm×107mm
重量	670g
遮光罩	EW-83H（附送）

性能

EF 24~105 mm f/4 L IS USM 是一款焦距覆盖较广的L镜头，是“大三元”、“小三元”中变焦比最高的镜头。使用了一片超低色散镜片（UD）、三片非球面镜片和多层镀膜技术，有效地控制畸变和色差，有效地抑制鬼影和眩光。内置影像稳定器功能，降低三级快门速度依然可以得到清晰的影像，开启防抖时间约为快门半按后 0.5s，比老的IS技术提高了差不多1倍。而且它可以自动判断是否使用三脚架，使用三脚架时会关闭防抖功能。它还采用圆形光圈，可全时手动对焦，并具有良好的防尘防潮性能。

唯一的缺点就是广角端的桶性畸变和其他L系列镜头相比比较明显，在最广角端尽量使用构图技巧来弱化它的畸变，尽量不要把明显直线的物体放在靠近四边的位置，例如电线杆、窗户、墙角线等。

24~105mm价格合适，焦段较强，是很多摄影新手入门的首选

光圈：f/8　快门速度：1/250s　感光度：ISO500　曝光补偿：+0

评价

对于需要减少行装的旅行拍摄来说，EF 24~105 mm f/4 L IS USM 是一款非常方便的大变焦比镜头。可用于风光、建筑、人像、社会题材等多领域的拍摄，能够满足大部分场景的拍摄需求，是一支兼顾轻便与画质的多用途镜头。

搭配全画幅的EOS 5D Mark III，24mm的焦距具有宽广的视野，105mm的长焦端也具有一定的远摄能力，灵活的机动性与锐利的成像并存，并且拥有优秀的光学防抖功能，展现出了红圈镜头的高性能。

105mm长焦端拍摄人像，可以得到更好的虚化

光圈：f/5.6　快门速度：1/500s　感光度：ISO320
曝光补偿：+0.3EV

7.9 轻量型中长焦变焦镜头小三元之三：EF70~200mm f/4 L IS USM

▲ EF 70~200mm f/4 L IS USM

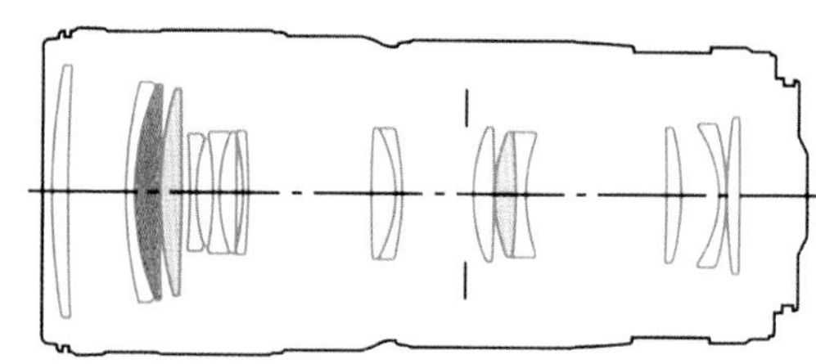

▲ 镜头结构图

性能

EF 70~200mm f/4 L IS USM，别名“爱死小小白”。光学结构上改为20片15组镜片，其中包括1枚萤石玻璃镜片和2枚超低色散（UD）镜片，从整体效果来看，比它的前一代要更加锐利，优化的镜片镀膜有效抑制鬼影和眩光，尤其是所搭新的IS光学影像稳定器可以获得相当于最多降低4挡快门速度，作为一支小光圈的中长焦镜头，它会极大地帮助你拍摄到更加清晰的照片。

“爱死小小白”的最近对焦距离和前一代相同，都为1.2m；圆形光圈带来出色的焦外成像；采用环形超声波马达获得宁静迅速的自动对焦；同时具有全时手动对焦功能；更完善的密封效果提高了防尘及防水滴的性能。虽然没有“爱死小白”（EF 70~200mm f/2.8 L IS II USM）的大光圈虚化效果好，但它的重量和价格几乎是“爱死小白”的一半，这也使它更加诱人。

EF70~200mm f/4 L IS USM详细规格：	
焦距和最大光圈	70~200mm f/4
光学结构	18片13组
对角线视角	34°~12°
调焦系统	环形超声波马达，后组调焦系统，全时手动对焦
最近调焦距离	1.2m，0.21倍放大率
最小光圈	f/22
变焦系统	旋转型
滤镜口径	67mm
最大直径×长	76mm×172mm
重量	760g
遮光罩	ET-74（附送）

评价

佳能的70~200mm焦段的镜头共有四支，分别为EF 70~200mm f/2.8 L USM、EF 70~200mm f/2.8 L IS II USM、EF 70~200mm f/4 L USM和EF 70～200mm f/4 L IS USM。经过各项综合性能评测排序，EF 70～200mm f/4 L IS USM仅次于EF 70～200mm f/2.8 L IS II USM之后，获得了很高的评价。

与EF 70～200mm f/2.8 L IS II USM的“天价”相比，EF 70～200mm f/4 L IS USM更接近于摄影爱好者的心理价位，而且重量减轻近一半，更容易被普通摄影师接受，更重要的是，它的对焦性能丝毫不逊色，画质也完全不愧于红圈头的称号。

使用70～200mm记录家庭生活

光圈：f/2.8　快门速度：1/2 500s　感光度：ISO100　曝光补偿：+0.3EV

7.10 轻量型中长焦变焦镜头小三元之三：EF70～300mm f/4~5.6 L IS USM

性能

佳能公司于2010年发布了EF 70～300mm f/4～5.6 L IS USM，这是一款覆盖70～300mm宽广焦距范围的新型L级远射变焦镜头，可应对体育、生态动物以及风光摄影等多种拍摄类型，拥有远射焦段的同时，最近对焦距离仅为1.2m，可以在拍摄时更大胆地接近被摄体。

EF 70~300mm f/4~5.6 L IS USM的光学元件中配置了2片UD超低色散镜片，搭载了浮动对焦机构，可实现全部拍摄距离范围内的高画质表现。镜片的配置与镀膜的优化，很好地抑制了眩光和鬼影，从而能够得到良好的色彩平衡。

▲ EF 70~300mm f/4~5.6 L IS USM

在山顶拍摄登山者的登峰时刻

光圈：f/16　快门速度：1/600s　感光度：ISO100　曝光补偿：+0.3EV

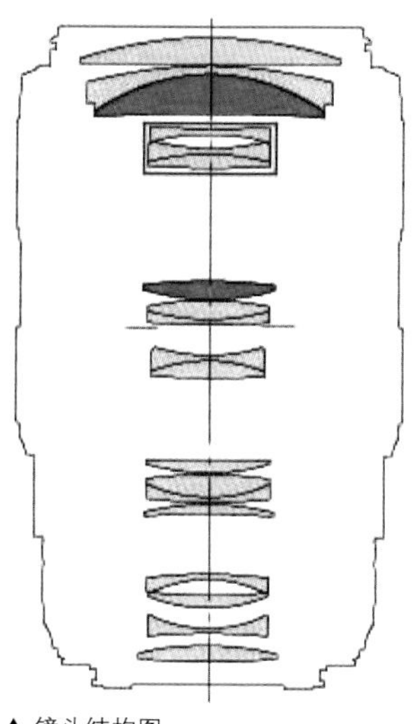

▲ 镜头结构图

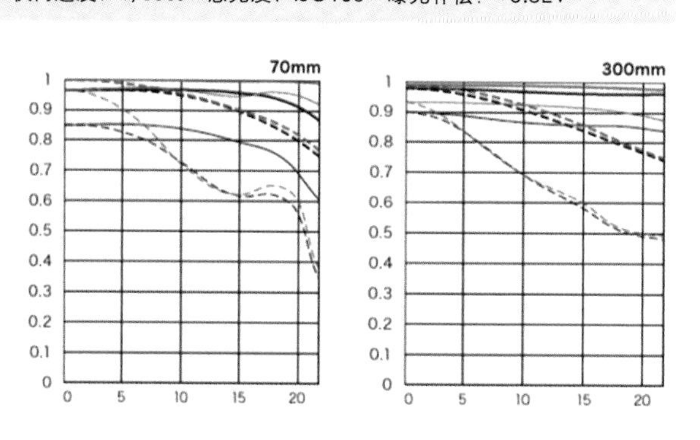

▲ MTF 曲线（镜头画质图）

EF70～300mm f/4-5.6 L IS USM详细规格：	
焦距和最大光圈	70~300mm f4~5.6
光学结构	15片10组
光圈叶片	8片（圆形光圈）'
调焦系统	微型USM超声波马达
最近调焦距离	1.5m，0.26倍放大率
最小光圈	f/32~45
变焦系统	旋转型
滤镜口径	58mm
最大直径×长	76.5mm×142.8mm
重量	630g
手抖动补偿效果	约3级

评价

相对于70~200mm的镜头，EF70~300mm f/4～5.6 L USM更多是受到了拍摄生态题材摄影师的喜爱。300mm的远焦距更能满足远距离拍摄，可轻松抓拍远距离的景物，能够获得美丽的虚化效果。同时超低色散镜片画质非常细腻。

相对于昂贵的远摄定焦镜头而言，这款高素质的变焦镜头使用更加方便，安装在三脚架上改变焦距，即可获得更为理想的构图。EF70~300mm f/4~5.6 L USM具备防止在使用三脚架拍摄时IS影像稳定器误操作的功能，在使用三脚架或独脚架拍摄时，无须执行开启、关闭操作，这点非常方便。

远距离拍摄热闹的人群

光圈：f/6.3 快门速度：1/250s
感光度：ISO1000 曝光补偿：+0

7.11 专业旅行镜头一镜走天下：EF28~300mm f/3.5~5.6 L IS USM

性能

佳能 EF 28~300mm f/3.5~5.6 L IS USM是一支覆盖从28mm广角端到300mm远摄端的L级高倍率变焦镜头，约11倍的变焦比，可支持风光摄影到运动摄影等广泛的拍摄领域。

镜头采用了三片非球面镜片和三片UD超低色散镜片，能够在整个变焦范围内获得L级镜头的高画质。推拉式的变焦机构的采用，使此镜头具有出色直观的操控性，可瞬间改变视角范围。通过转动对焦环后部的变焦调整环，不但可以调节变焦时镜筒前后移动的阻尼度，还能在任意位置固定变焦环。镜头采用环形USM超声波马达驱动，对焦时几乎没有动作音，并可实现全时手动对焦。搭载的防抖效果相当于提高约3级快门速度的IS影像稳定器，为使远射区域的手持拍摄提供了强有力的支持。优异的防水滴防尘结构，使其在恶劣的天气下也可放心使用。

▲ 佳能 EF 28~300mm f/3.5~5.6 L IS USM

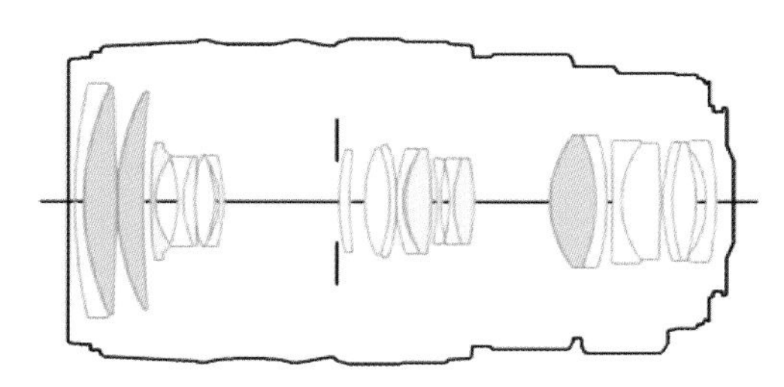

▲ 镜头结构图

EF28~300mm f/3.5~5.6 L IS USM详细规格：	
焦距和最大光圈	28~300mm f/3.5~5.6
光学结构	23片12组
光圈叶片	8片（圆形光圈）
驱动系统	环形USM超声波马达
最近调焦距离	0.7m，0.3倍放大率
最小光圈	f/22~38
变焦系统	旋转型
滤镜口径	77mm
最大直径×长	92mm×184mm
重量	1 670g

变焦镜头的透视功能夸张拍摄人物的倒影

光圈：f/11　快门速度：1/400s　感光度：ISO320
曝光补偿：+0.3EV

运用300mm焦段拍摄动物的自然神态

光圈：f/6.3　快门速度：1/600s　感光度：ISO200
曝光补偿：+0.3EV

评价

“一镜走天下”的镜头是热爱旅行的摄影爱好者们非常青睐的，所谓“一镜走天下”，通常指镜头焦距覆盖旅行拍摄的需求，变焦范围大、小巧轻便，可以减少旅行负重的镜头。

虽然相比EF 28~300mm f/3.5~5.6L IS USM的1 670g的重量，EF-S 18~200mm f/3.5~5.6 L IS USM更加名副其实堪称“一镜走天下”，但不少常外出拍摄的摄影师们通常会携带一支广镜头再加一支70~200mm的中长焦镜头来拍摄风光，相比这些，EF 28~300mm f/3.5~5.6 L IS USM不仅轻便，还免去了换镜头的烦恼。

另外，EF 28~300mm f/3.5~5.6 L IS USM在拥有11倍超高变焦比的同时，仍保持了红圈头的优良性能，对于更重视画质的摄影师而言，EF 28~300mm f/3.5~5.6L IS USM绝对称得上是“一镜走天下”了。

“打鸟”利器扑捉飞鹰

光圈：f/5.6　快门速度：1/800s　感光度：ISO200
曝光补偿：+0.3EV

7.12 专业人像镜头: EF 50mm f/1.4 /EF 85mm f/1.2 L II /EF 135mm f/2 L USM

变焦镜头拥有可调整的焦段，带来多变的视角，给取景拍摄带来了非常大的方便。但由于变焦镜头结构复杂，光学组件相对运动，很难达到f/2.8以上的超大光圈。而定焦镜头结构简单，最大光圈可达到f/1.2，甚至更大。如果经常拍摄人像、人文，或者经常在低照度的环境中拍摄，定焦镜头是很好的选择，具有虚化漂亮、不易抖动、合焦准确等诸多优点。对于很多要求严格的摄影师来说，定焦镜头是必备的利器。

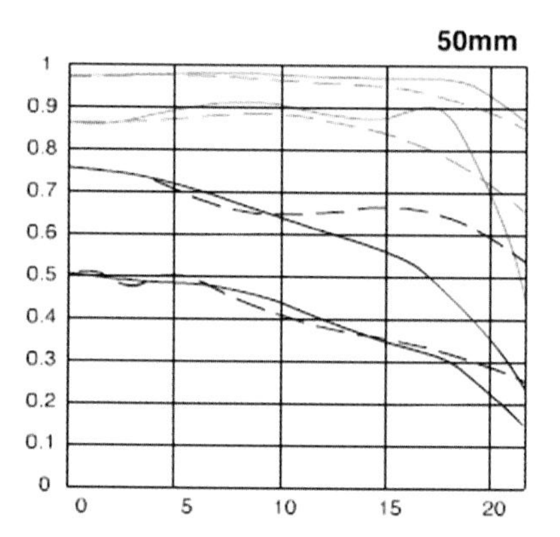

▲MTF 曲线（镜头画质图）

▲佳能 EF 50mm f/1.4 USM

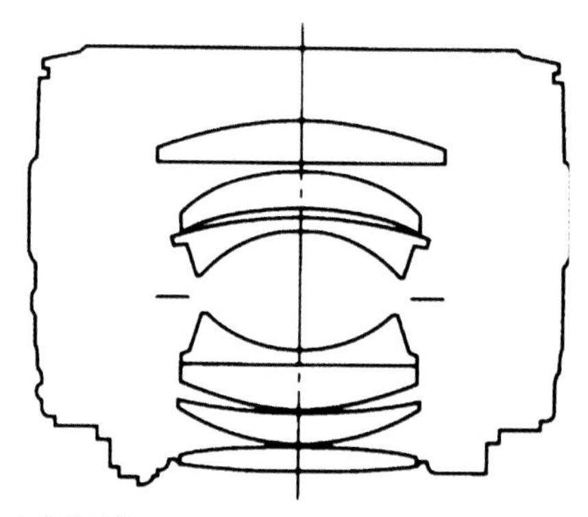

▲镜头结构图

EF 50mm f/1.4 USM详细规格:	
焦距和最大光圈	50mm f/1.4（恒定）
光学结构	7片6组
对角线视角	46°
调焦系统	微型USM超声波马达
最近调焦距离	0.45m，0.15倍放大率
最小光圈	f/22
滤镜口径	58mm
最大直径×长	73.8mm×50.5mm
重量	290g
遮光罩	ES-71

性能

EF 50mm f/1.4 USM 是具有明亮大光圈的便准定焦镜头，拥有超自然的视角，可根据拍摄距离以及被摄体的大小等实现丰富的表现形式。搭载全时手动对焦功能，自动对焦是能够轻松修正合焦位置。在最大光圈下可将被摄体拍得细腻柔和。随着光圈的缩小，锐度逐步增加，可以获得清晰的画质。

在考虑入手50mm定焦头时，很多人都会在f/1.2、f/1.4、f/1.8之间犹豫，的确这3支镜头焦距相同，最大光圈各相差一级，价格却相差非常大，不得不让我们在它们之间仔细衡量。就虚化的大小和平滑程度来说，EOS 50mm f/1.2 USM具有绝对的优势，但其f/1.2的超大光圈，使得镜头在合焦时需要一定的熟练程度。EOS 50mm f/1.4 USM也有与之相同的倾向，但比它更容易操作。最容易使用的还要数EOS 50mm f/1.8 Ⅱ，与它本身低廉的售价相比，实际成像效果不错，光圈全开时并没有出现相差。但不及EOS 50mm f/1.2 USM 表现的梦幻般的立体感，更适合还原真实的世界。

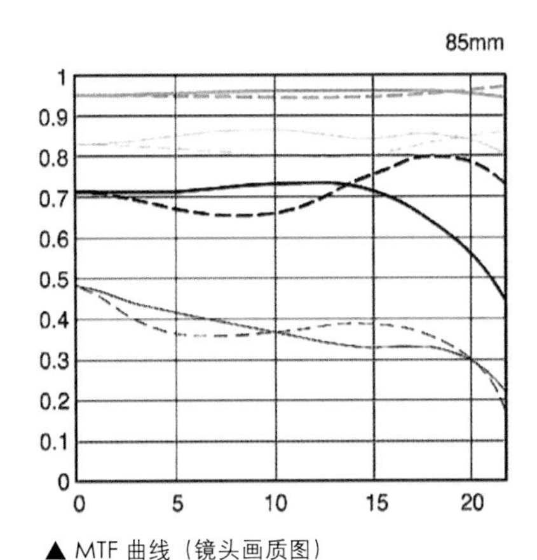

▲ MTF 曲线（镜头画质图）

50mm f/1.4拍摄的纪念人像

光圈：f/5.6　快门速度：1/2 500s　感光度：ISO100
曝光补偿：+0.3EV

50mm f/1.2拍摄的人像画质细腻，虚化平和

光圈：f/3.5　快门速度：1/1 250s　感光度：ISO100
曝光补偿：+0

▲佳能 EF 85mm f/1.2 L II USM

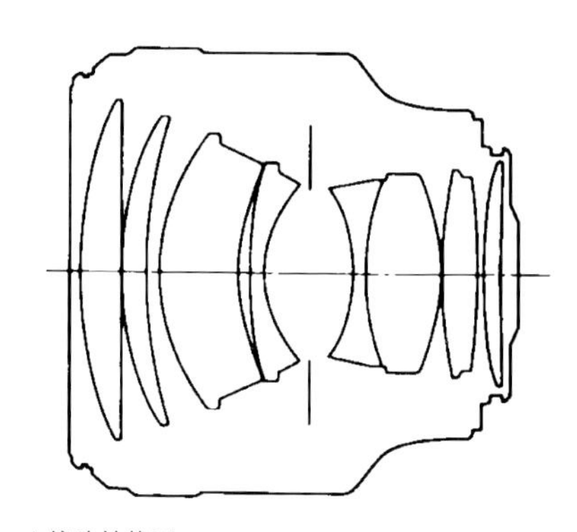

▲镜头结构图

EF85mm f/1.2 L II USM详细规格：	
焦距和最大光圈	85mm f/1.2
光学结构	8片7组
对角线视角	28° 30′
调焦系统	环形超声波马达 II型
最近调焦距离	0.95m，0.11倍放大率
最小光圈	f/16
滤镜口径	72mm
最大直径×长	91.5mm×84mm
重量	290g
遮光罩	ES-79

使用85mm f/1.2拍摄喇嘛们的活动能够得到很好的效果

光圈：f/11 快门速度：1/400s
感光度：ISO100 曝光补偿：+0.3EV

▲ 佳能 EF 135mm f/2 L USM

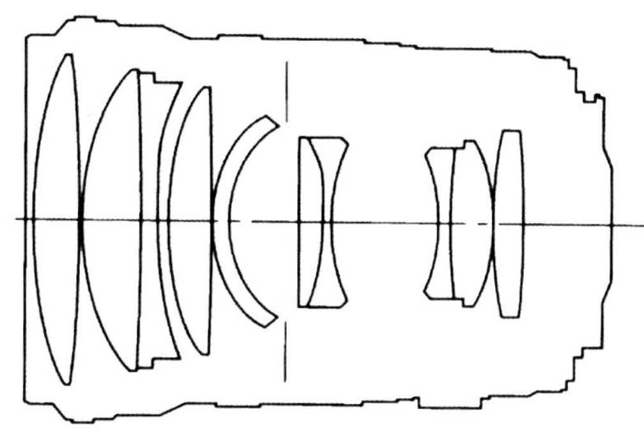
▲镜头结构图

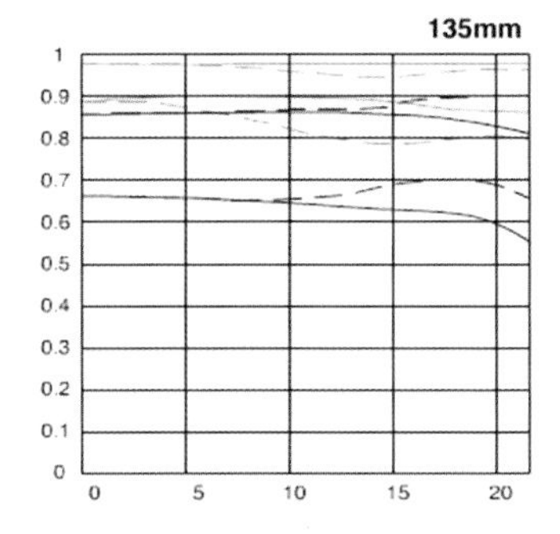

▲MTF 曲线（镜头画质图）

技巧 · 提示

EF 135mm f/2 L USM 的镜身设有对焦距离按钮，可用于因个人需要而加快合焦过程。

性能

EF 135mm f/2 L USM 采用了两枚大型的超低色散UD镜片，消除色差造成的画质下降的问题。使用环形超声波马达，后对焦系统设计驱动第6、第7片镜片，对焦快速而宁静，而全时手动对焦功能可以在自动对焦期间调整焦点，对于这支大光圈而又景深特浅的镜头来说，还可以透过取景窗微调对焦点。

135mm的焦距是远射区域的代表性焦距之一，在拍摄具有虚化效果的全身人像以及自然风光特写时构图较为轻松的焦距，能够压缩背景将主体突出出来，自然地保持与被摄体的距离感。所以有不少标准或远摄变焦镜头会将135mm收归旗下。EF 135mm f/2 L USM 的最近对焦距离是0.9m，放大倍率则为0.19倍，在EF定焦镜头群中，已是微距镜头中第3支最高放大倍率的定焦镜头。

EF 135mm f/2 L USM 拍摄的照片色彩深邃，符合L级镜头的品质，在拍摄人物时，画质细腻鲜活。而且在最大光圈下接近被摄对象拍摄时，可以将背景柔化，是一款性能良好，功能平衡性尚佳，可用于多种拍摄领域的中长焦距的L级镜头。

远距离也可以拍摄到美丽的微距效果

光圈：f/2.8　快门速度：1/500s
感光度：ISO100　曝光补偿：+0.3EV

评价

EF 135mm f/2 L USM拥有f/2光圈的大通光亮，因此拍摄范围相当广。对于人像来说，可以拍出漂亮的影调和美丽的虚化效果。在遇到拍摄舞台表演或室内会议等光线较暗的场景时，这样的大光圈镜头再理想不过了。

它的另一个优势，最近对焦距离是0.9m，放大倍率达到了0.19倍。同时它的像场均匀度异常出色，最大光圈下四角和中央都可以得到非常高的分辨率。

由于有足够大的光圈，所以它支持两款增距镜：EF 1.4×II或者2×II。加装增距镜之后它可以作为自动对焦的189mm f/2.8和270mm f/4镜头拍摄，这是其他L系列人像镜头所不具备的优势。

135mm定焦是拍摄体育比赛的常备镜头，可以满足拍摄者的近景要求

光圈：f/4　快门速度：1/800s
感光度：ISO100　曝光补偿：+0.3EV

EF 135mm f/2 L USM详细规格：	
焦距和最大光圈	135mm f/2（恒定）
光学结构	10片8组
对角线视角	18°
调焦系统	环形超声波马达，后组调焦系统，全时手动调焦
最近调焦距离	0.9m，0.19倍放大率
最小光圈	f/32
滤镜口径	72mm
最大直径×长	82.5mm×112mm
重量	750g
遮光罩	ES-78

7.13 高性价比微距镜头: EF 100mm f/2.8 Macro USM

微距镜头是能够展示平时无法用肉眼直观的观察到的世界的特殊镜头，不需要加装近摄镜或近摄接圈等附件，就能在非常近的距离处拍摄微小物体的特写。特别擅长表现花卉、昆虫、美食等题材，力求将主体的细节很好地表现出来。对于喜爱微距摄影的用户而言，著名的百微镜头更是让很多人爱不释手，是追求高性价比的首选微距镜头。

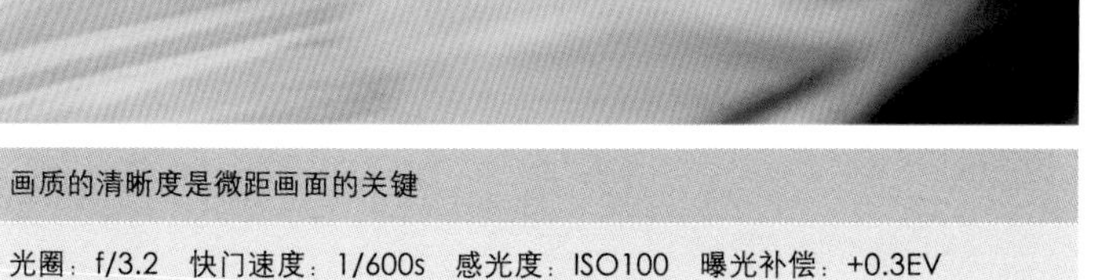

画质的清晰度是微距画面的关键

光圈：f/3.2　快门速度：1/600s　感光度：ISO100　曝光补偿：+0.3EV

▲佳能 EF 100mm f/2.8 Macro USM

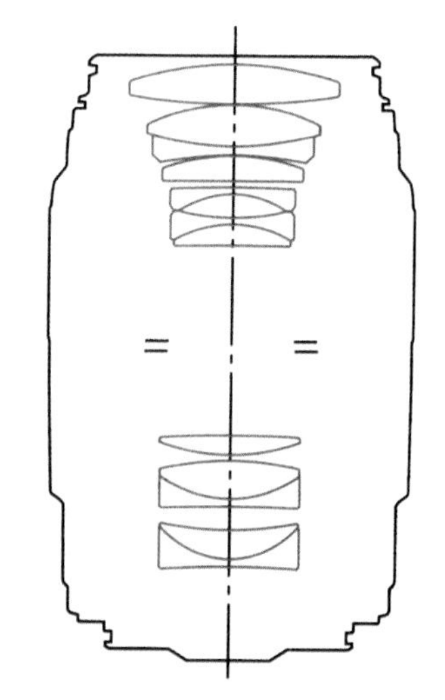

▲镜头结构图

性能

EF 100mm f/2.8 Macro USM放大倍率可达到1:1，等倍拍摄下的工作距离约149mm，这个长度可以使镜头与被摄体间有适当的距离，因此不易出现强烈的透视，能够很好地呈现被摄体的细节及形态。

镜头采用了3组浮动对焦机构，对焦时可让3组镜片按照不同的轨迹移动，能够较大程度地抑制对焦时产生的相差变动，使此镜头从无限远到等倍均可发挥出色的成像性能。使用手动对焦进行合焦是微距摄影常用的手法，而此镜头采用了环形USM超声波马达，实现了安静的自动对焦，全时手动对焦又使对焦可靠而准确。f/2.8的最大光圈也可以很放心地使用。背景虚化自然真实，焦点具有很好的锐度，展现了定焦微距镜头所应具有的层次变化。

EF 100mm f/2.8 Macro USM详细规格：	
焦距和最大光圈	100mm f/2.8（恒定）
光学结构	12片8组
对角线视角	24°
调焦系统	环形USM马达，内对焦系统，全时手动调焦
最近调焦距离	0.31m，1倍放大率
最小光圈	f/32
滤镜口径	58mm
最大直径×长	78.6mm×118.6mm
重量	560g
遮光罩	ET-67

叶子背面的纹络和水珠

光圈：f/5.6 快门速度：1/250s
感光度：ISO100 曝光补偿：+0

评价

这是佳能第一款采用内对焦技术的中远摄微距镜头，对焦时镜身长度不会发生变化，即使在镜头前方安装微距环形闪光灯等配，依然具有良好的稳定性。此外，还可以安装另售的三脚架接环B，使镜头可以垂直或水平旋转，快速调整画幅方向。全时手动微调功能也十分实用，能够对移动的昆虫快速、精准地对焦。

抓拍水珠落在花瓣的瞬间

光圈：f/5.6 快门速度：1/250s
感光度：ISO200 曝光补偿：+0.3EV

7.14 L级微距镜头：EF 100mm f/2.8 L Macro IS USM

佳能EF 100mm F2.8 L IS USM 是一款搭载“双重IS影像稳定器”的新一代100mm微距红圈镜头，被称为“新百微”，具有良好的口碑。

▲佳能 EF 100mm f/2.8 L Macro IS USM

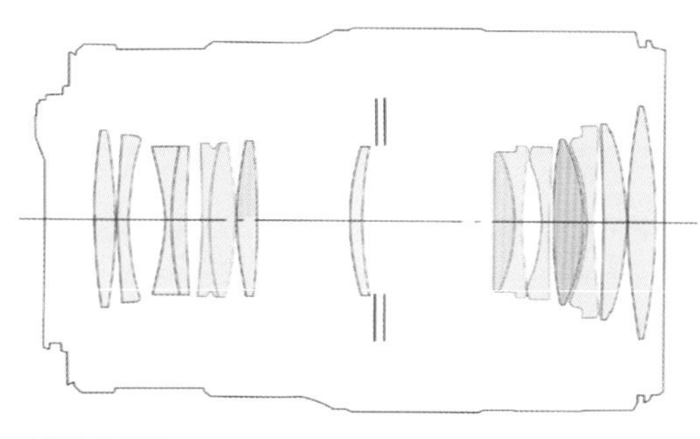

▲镜头结构图

评价

EF 100 mm f/2.8 L Macro IS USM 是以口碑良好的EF 100mm f/2.8 Macro USM为基础的升级产品。增加了3枚镜片、防水滴防尘结构、双重防抖设计，并对镜头后部的结果进行了大幅调整，使它成为了专业红圈L级镜头。它的镜头结构为12组15片，其中包含了一片对色像差有良好补偿效果的UD镜片。优化的镜片位置和镀膜可以有效抑制鬼影和眩光的产生。为了保证能够得到美丽的虚化效果，镜头采用了圆形光圈。镜头的最大放大倍率为1倍，最近对焦距离为0.3m。并且搭载了能够迅速宁静地进行对焦的环形超声波马达。

EF 100mm f/2.8 L Macro IS USM详细规格：	
焦距和最大光圈	100mm f/2.8（恒定）
光学结构	12组15片
光圈叶片	9片（圆形光圈）
调焦系统	环形USM超声波马达
最近调焦距离	0.31m，1倍放大率
最小光圈	f/32
滤镜口径	67mm
最大直径×长	77.7mm×123mm
重量	625g
手抖动补偿效果	2~4级

人称“百微”的超声波马达，使拍摄在更为安静的环境中完成

光圈：f/3.2　快门速度：1/1 000s　感光度：ISO100　曝光补偿：+0

性能

EF 100mm f/2.8 Macro IS USM 能够在通常的拍摄距离下实现约相当于4级快门速度的手动补偿效果。当放大倍率为1倍时，能够获得相当于2级快门速度的手抖动补偿效果。另外，新百微的对焦范围选择划分得更细致，除了Full全程对焦外，还划分了0.3~0.5m和0.5m~∞两个范围，这样相应的选择范围可以方便用户更快地对焦。新百微不愧为L级镜头，它拥有卓越的画质和柔美的焦外成像。无论是进行微距摄影还是人像摄影，都能够手持拍摄获得清晰的画面，润泽的背景虚化效果。

虚化的背景过度细腻，拍摄对象清晰锐利

光圈：f/3.2　快门速度：1/2 000s　感光度：ISO100
曝光补偿：+0

7.15 佳能EOS 5D Mark Ⅲ附件选择与详解

▶ 镜头遮光罩的选购

顾名思义，遮光罩就是遮光的罩子，是套在照相机镜头前常用的摄影附件，有金属、硬塑、软胶等多种材质。

遮光罩的作用

- 在逆光、侧光或闪光灯摄影时，能防止非成像光的进入，避免雾霭。
- 在顺光和侧光摄影时，可以避免周围的散射光进入镜头。
- 在灯光摄影或夜间摄影时，可以避免周围的干扰光进入镜头。
- 可以防止对镜头的意外损伤，也可以避免手指误触镜头表面，在某种程度上为镜头遮挡风沙、雨雪。

遮光罩的类别

遮光罩分为花瓣形和圆筒形，它们的用途是一样的。

区别在于花瓣形遮光罩多用于变焦镜头，之所以做成花瓣形是为了避免在短焦端四周出现黑角，同时也增加在较长焦端的遮光面积。

▲圆筒形遮光罩

▲花瓣形遮光罩

没有遮光罩的情况下，使得光线容易进入画面

光圈：f/3.5　快门速度：1/800s
感光度：ISO100　曝光补偿：+0.3EV

使用遮光罩，避免画面吃光情况的发生，画面光线更加均匀

光圈：f/3.5　快门速度：1/1 000s　感光度：ISO100　曝光补偿：+0.3EV

▶ 附加镜的选购

UV镜

UV镜其实就是一片紫外线滤镜，接近透明无色，可以消除天空的翳雾及降低紫外线，使色彩较饱满。

对于数码相机来说，由于是CCD感光元件成像，不像传统胶片对紫外线那样敏感，所以这时的UV镜其实只是一块平光玻璃，主要是起保护镜头的作用。

购买UV镜时一定要注意口径大小是否与镜头相符合。普通用户选择单层镀膜UV镜即可，多层镀膜较贵。

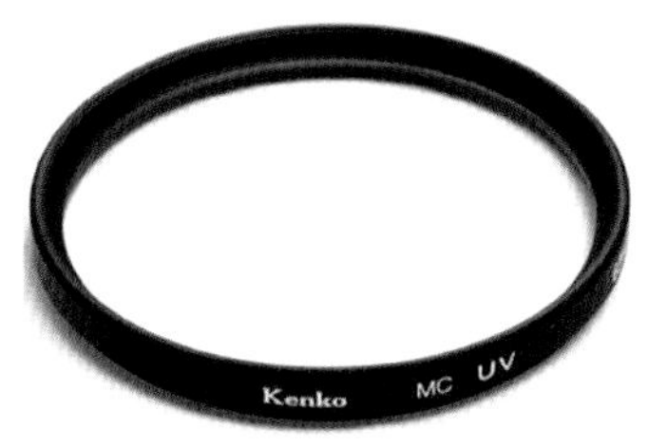

▲UV镜

NC镜

NC滤镜对镜头的色调没有任何影响，抑制反射光效果优异，最适合作为保护镜头的滤镜使用，无须考虑曝光量变化，可以长期安装在镜头上。

▲NC镜

在安装NC镜的情况下，画面会更加清晰

光圈：f/11　快门速度：1/30s　感光度：ISO100　曝光补偿：+0.3EV

偏光镜

光线经过平滑的反射面折射后，部分反射的光线会形成偏振光，因此会造成画面上反光或是雾气的感觉。偏光镜的设计，就是可将破坏画面的偏振光去除，进而达到良好的影像效果。其原理是利用偏光镜中的栅状薄膜，将反射的偏振光挡在外面，只允许与栅状结构相同方向的光线通过。

偏光镜分为两类，一类为线型偏光镜，简称为PL，通常使用在没有自动对焦的相机上，价格较为便宜；另一类则称为环型偏光镜，简称为CPL (Circular PL)，适用在各种相机上，虽然价格较高，但建议使用该种偏光镜。

▲偏光镜

使用偏光镜，拍后的画面更加清透，天空更蓝

光圈：f/28　快门速度：1/200s　感光度：ISO200　曝光补偿：+0.3EV

增倍镜

增倍镜是一种小巧的光学与机械附件，将此附件置于机身和镜头之间，等于增加了一个负透镜或凹透镜，增加了镜头的有效焦距。由于焦距变长，可以使相机拍到更远的景物，因此增倍镜又被称为增距镜。例如2倍镜可以使50mm镜头变成100mm镜头。增倍镜一般以2倍、3倍较为常见。

不同倍数的增倍镜可以产生不同的效果

光圈：f/3.5　快门速度：1/600s　感光度：ISO100　曝光补偿：+0.3EV

广角镜

广角镜可以使视角变宽，夸大空间的透视关系，扩大近处和远处物体间的视觉距离。通过广角镜拍摄的照片，可以带来视觉冲击的震撼。

关于广角镜的倍率的换算，例如：倍率为0.6的意思就是可以将景物缩小到原来的0.6倍。一般来说推荐大家购买倍率在0.5～0.7之间的外接广角镜，若倍率太低将产生明显的畸变，而倍率太大则效果不太明显。

▲广角镜

广角镜加大画面中景物的透视

光圈：f/22　快门速度：1/250s　感光度：ISO100
曝光补偿：+0.3EV

添加柔光镜拍摄人像美女，使得拍摄对象更添柔美

光圈：f/5.6　快门速度：1/25s
感光度：ISO400　曝光补偿：+0.3EV

▶ 存储卡的种类

将图像信号转换为数据文件保存在磁介质设备或者光记录介质上，这种存储介质就是存储卡。存储卡的容量越大，可存储照片的空间就越大。

佳能EOS 5D Mark Ⅲ可以使用CF卡和SD卡。

CF卡

Compact Flash卡即标准闪存卡（简称CF卡，分为CF Ⅰ型和CF Ⅱ型）。CF卡是存储卡市场的元老，最早由Sandisk公司于1994年推出第一套标准，如今，以发起者Sandisk及柯达、佳能、尼康、奥林巴斯等影像巨头为核心，组成的CF卡标准组织现有成员约250家，涵盖了几乎所有数码相机生产厂商，同时CF卡还被掌上电脑、PDA、掌上游戏机、MP3播放器等便携设备所采用。

▲CF卡

体积：Type Ⅰ： 43mm x 36mm x 3.3mm
Type Ⅱ： 43mm x 36mm x 5mm
优势：是目前数码相机市场最普遍采用的记忆卡。
容量大、速度快、价格低廉。
良好的兼容性、扩展性和开放性。
缺点：与其他存储卡相比体积较大、功耗大。

SD卡

Secure Digital Card即安全数字卡（简称SD卡）。SD卡是由SanDisk、Toshiba和Panasonic公司在1999年推出，在MMC的基础上发展而来的，因而在数据传输和物理规范上与MMC完全兼容，算是MMC的升级版。SD卡加入了对数字内容版权的保护功能，因而，除了生产SD卡本身须支付权利金外，使用SD卡的CPRM加密技术也要支付权利金。

▲SD卡

体积：24mm x 32mm x 2.1mm
优势：体积小，容量大，速度快，更具安全性。
缺点：与同等容量的CF卡相比售价相对较高。

▶ 读卡器的选购

读卡器就是一个将数码相机存储卡上的内容传输到电脑上的工具。有了读卡器，在向电脑传输存储卡上的内容时就可以抛开数码相机，仅携带存储卡和读卡器即可完成。读卡器价格相对便宜，要使用读卡器，只需要简单地将数码记忆卡从照相机中取出，并正确插入阅读器的插槽中。传输图像的方式与从照相机中传输相同，Windows XP Scanner and Camera Wizard和iPhoto都可以识别卡中的图像。

读卡器按照其对卡的兼容性大体可分为单一读卡器和多合一读卡器。

单一读卡器

单一读卡器又称为专用读卡器。顾名思义，专用读卡器只能读取一种类型存储卡上的内容，比如CF的读卡器就只能读取CF卡上的数据，功能比较单一，价格也相对便宜。但随着存储卡的种类日渐增多，人们可能不止拥有一台数码相机，这种情况下单一的读卡器也就不能满足不同相机的需要，于是就出现了多合一读卡器。

▲各种单一读卡器

多合一读卡器

多合一读卡器分为4合1读卡器、8合1读卡器和12合1读卡器等几种，合的种数越多代表其对卡的兼容性越好，价格也就自然越贵。消费者可以根据自己的具体需求选择购买。

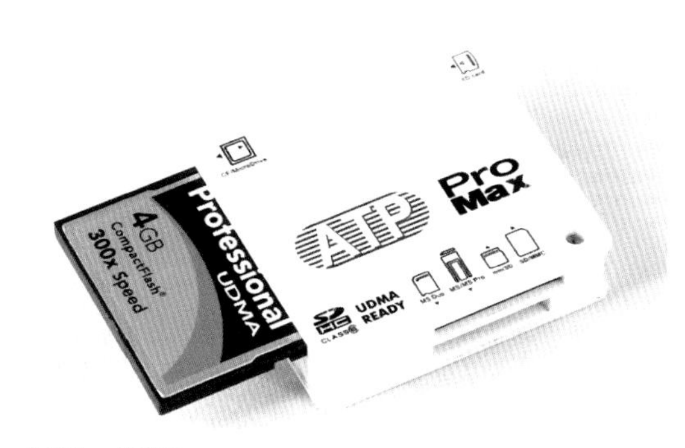

▲多合一读卡器

▶ 配置外置闪光灯

闪光灯的英文学名为Flash Light，是加强曝光量的方式之一，尤其在昏暗的地方，打闪光灯有助于让景物更明亮。

5D Mark Ⅲ配置外置闪光灯

闪光灯分为机载闪光灯和独立式外置闪光灯两种，5D Mark Ⅲ使用外置闪光灯。

独立式外置闪光灯通常叫做外闪，大多制作精良，指数高，各种功能完备，自带电池舱，独立供电，除了具备前帘、后帘同步闪光，慢快门同步闪光，包围闪光曝光，闪光曝光补偿，手控闪光，多档次光比闪光、对焦辅助灯等常规功能外，大型灯的灯头还能上下活动超过100° ，左右转动超过270° 。

▲外置闪光灯

使用闪光灯拍摄跳跃而起的女孩，闪光灯为正面补光

光圈：f/8　快门速度：1/125s　感光度：ISO100
曝光补偿：+0

▲ 用来安装外置闪光灯的热靴槽

使用闪光灯的注意事项

“红眼”，即在拍人物时，被摄者的瞳孔呈现红色，这是由于闪光灯离镜头太近，光线被血管丰富的视网膜反射回来的缘故。最好的解决办法是使闪光灯离镜头远一些。如果无法办到，也可以采取打开室内所有灯光，提高室内亮度的方法来解决，或者被摄者先注视一个亮处（如室内的电灯），在较亮的光线下，瞳孔会收缩，从而减少红色的反射光线。

此外，还要注意闪光灯的照射范围、指数大小、闪光同步等指数是否与拍摄要求符合。

使用闪光灯补光时常常出现红眼现象，但经过适当的调整或后期，可以消除红眼

光圈：f/5.6　快门速度：1/250s　感光度：ISO100
曝光补偿：+0

柔光罩

柔光罩是闪光灯常用的套件之一，它能消除过硬的闪光灯光线，产生扩散光，降低光线的生硬感，混合自然光后，使光线均匀而柔和。

▲柔光罩

▶ 相机脚架的选购

三脚架

三脚架的主要作用就是稳定照相机，以达到某些摄影效果。最常见的就是长曝光中使用三脚架，用户如果要拍摄夜景或者带涌动轨迹的图片时，曝光时间需要加大，这时，数码相机不能抖动，需要三脚架的帮助。

就三脚架撑开到工作高度而言，可以采用3种不同方法：紧锁旋转套管固定，用紧固螺钉进行固定，用扳扣固定。

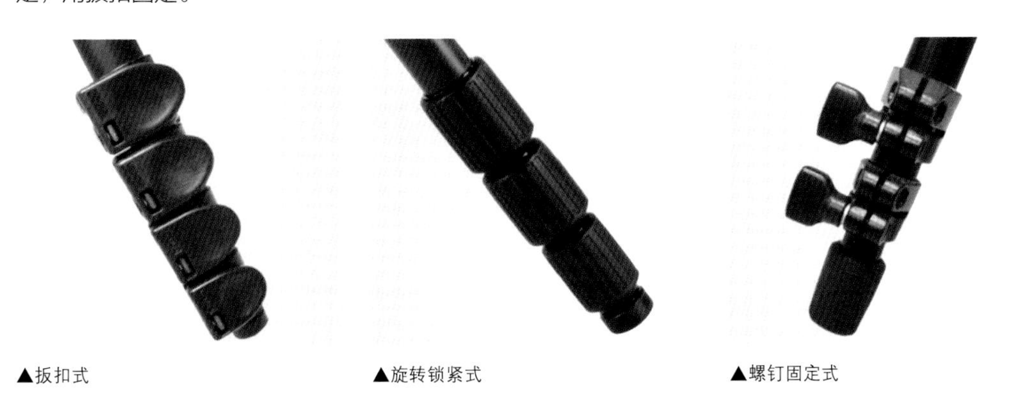

▲扳扣式　▲旋转锁紧式　▲螺钉固定式

在选购三脚架的过程中，不仅要考虑其牢固程度和重量，还要考虑它的架脚是由几节组成，如何进行调节，打开时是否有斜撑加固以及中心柱的性能。这些都是决定三脚架是否稳定的因素，同时也会影响操作的便捷性。

▲三脚架

单脚架

单脚架也称作独脚架，轻便易携带，适合在狭小的空间及旅游时使用。

选购单脚架时，第一考虑粗壮、结实，另外长短要适合。一般单脚架的重量为0.5～1kg，有三节拉腿，类似于可折叠的手杖，折后大约只有40cm长，伸开约为1.5m。它可以放在相机包里，比三脚架轻便得多。

▲单脚架

云台

云台是介于相机和脚架之间的一种设备，承载整台相机的重量。较专业脚架的云台是可以更换的，可以依照拍摄主体、使用器材的不同，更换三向云台、球形云台等，让脚架的使用更加方便、专业。

▲三向云台

▲球形云台

▶ 佳能EOS 5D Mark Ⅲ摄影包的选择

相机包是相机的保护屏障，好的相机包可以防震、防水。目前市场的相机包有很多种，不仅功能完善而且美观大方。选购相机包时，除样式、功能外，还要注意相机包的材料、拉链、做工等环节。

按材质分为：真皮包、仿皮包和布包。

按用途分为：挎包、背包、腰包、吊带包、三角包、背心包。

按样式分为：横包、竖包。

相机包还有兼容包和专用包之分。所谓兼容包就是适用于几乎所有品牌和型号的数码相机，而专用包则通常只适合放置特定品牌、特定型号的数码相机，佳能EOS 5D Mark Ⅲ的个头较大，适合选择容量较大的摄影包。

▲各种各样的摄影包

▶ 其他附件的选购

快门线、遥控器

快门线分为机械式和电子式。其主要功能在于减少按快门瞬间产生的震动，一般都是搭配三脚架使用，较高级的电子快门线还有倒数计时的功能，对于使用B快门拍摄夜景非常有帮助。

遥控器是采用红外线无线遥控的方式来控制相机的快门。对于喜欢自拍的人来说是相当方便的，但不是所有的数码相机都支持遥控器。

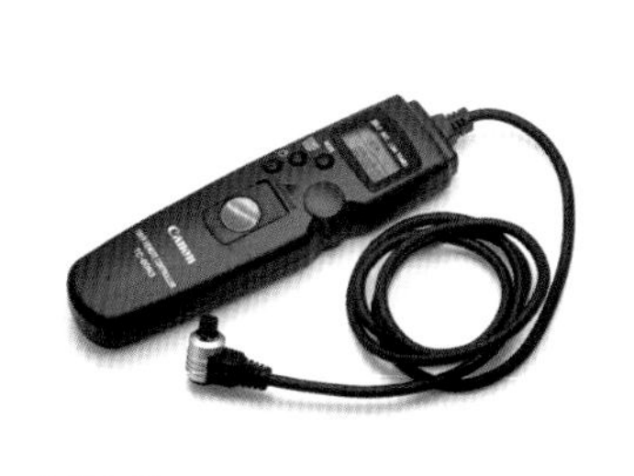

▲快门线

▲遥控器

使用相机为别人拍摄都很方便，但为自己拍摄往往不是那么方便

光圈：f/3.5　快门速度：1/1 000s　感光度：ISO100
曝光补偿：+0.3EV

使用遥控器进行自拍，再有限范围内可以进行任意创造

光圈：f/4　快门速度：1/800s　感光度：ISO100
曝光补偿：+0.3EV

镜头纸、吹净器和镜头笔与毛刷

镜头纸为清洁镜头专用纸。适合擦拭镜头、液晶面、望远镜、显微镜等光学镜面，不会划伤镜头镀膜。

吹净器，也叫气吹。相机基本保养工具之一，可吹去相机镜头、机身、取景器等上面的灰尘。

镜头笔与毛刷，用于清洁相机、镜头上的灰尘，使用前最好用气吹先吹去较大的灰尘。

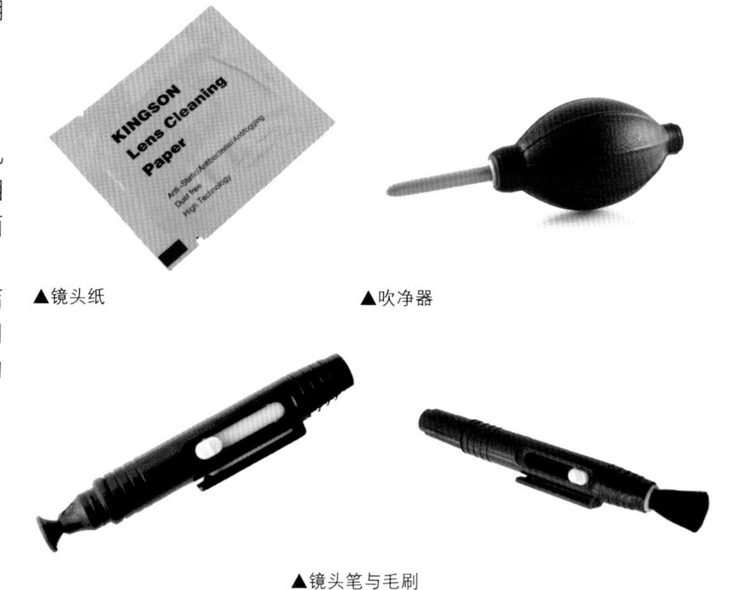

▲镜头纸

▲吹净器

▲镜头笔与毛刷

灰卡

灰卡就是具有18%反射率的灰色卡板。一般用来辅助测光、检测光源比例、检测色彩平衡及浓度、设定数码相机的白平衡。

若环境光源复杂，可能导致曝光出现偏差，这时可以用灰卡来校正相机白平衡模式，以得到最准确的画面颜色。

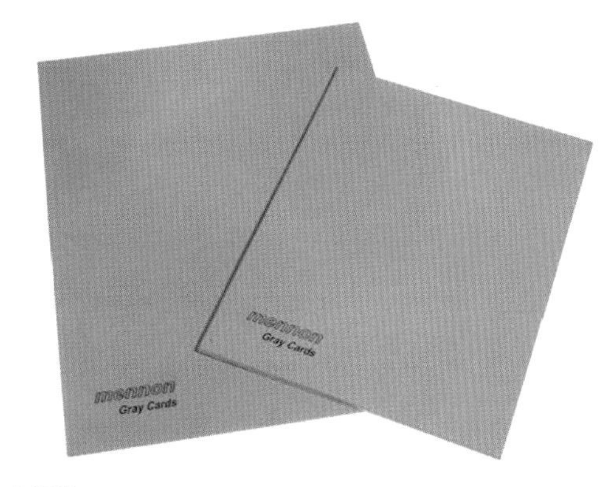

▲灰卡

阴天拍摄的人像图片由于光线和色温的原因，得到不正确的色彩画面

光圈：f/3.5　快门速度：1/1 000s　感光度：ISO100
曝光补偿：+0.3EV

使用色板在拍摄环境下进行调色，直到拍摄出的画面为正常的色彩

光圈：f/3.5　快门速度：1/1 000s　感光度：ISO100
曝光补偿：+0.3EV

反光板

反光板是最常用的增加光线的工具，多用于补光。反光板的尺寸越大，反光效果越好。不同厂家生产的反光板的亮度有很大差别，购买时要仔细挑选。常用的有白色、银色、金色3种。

白色反光板：白色反光板反射的光线非常微妙，由于它的反光性能不是很强，所以其效果显得柔和而自然。

银色反光板：由于银色反光板比较明亮且光滑如镜，所以它能产生更为明亮的光。

金色反光板：与银色反光板一样，它也是光滑如镜，但是与冷色调的反光板相比，它产生的光线色调较暖。

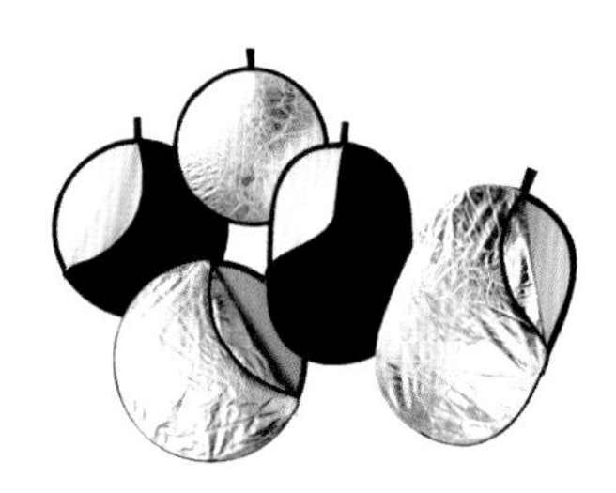

▲各种反光板

▲常用金色反光板

傍晚使用金色反光板为拍摄对象补光，画面色彩成暖黄色，加强整体氛围

光圈：f/3.2　快门速度：1/600s　感光度：ISO400　曝光补偿：+0.3EV

相机的配套装备很多吧！虽然繁多，但都是有用处的。当然了，还是要视自身情况来决定是否配备这些配件，对一般家庭而言，只要配备最基础实用的就可以，不必那么复杂。

使用金色反光板为拍摄对象补光，提高人物亮度，拉开与背景的层次

光圈：f/3.5　快门速度：1/1 000s　感光度：ISO100　曝光补偿：+0.3EV

佳能

EOS 5D Mark III

数码单反摄影从入门到精通

08

图片后期处理

在Photoshop中调整色彩平衡
在Photoshop中调整画面亮度
在Photoshop中调整画面对比度
利用“色阶”命令美白肤色
利用“修复”画笔去除痘痘
常用滤镜的介绍
修正高层建筑的透视效果
照片曝光不足时的处理办法
处理曝光过度的照片
通过裁切照片突出主体
对照片进行重新构图
校正倾斜的照片
制作怀旧效果的黑白照片
加深画面中天空的蓝色
更改手提包的颜色
制作鱼眼镜头效果
给照片添加镜头光晕
制作灯光的闪烁效果
制作位移效果
制作倒影效果
缩放效果的制作
Photoshop的液化整形术

8.1 在Photoshop中调整色彩平衡

色彩平衡主要用于修正画面中的色彩偏差。造成照片色彩偏差的原因有很多，一种情况是现场光源复杂，影响了相机内的自动白平衡设置，导致拍摄出来的照片色彩不正确；另一种常见的情况是拍摄者在设定手动白平衡时，设错了选项，且没有及时发现。如果已经拍摄出有色彩偏差的照片了，可运用Photoshop软件来调整色彩，让照片看起来更自然。具体的操作步骤如下：

1 打开Photoshop软件。

2 打开要修改的照片，照片会显示在软件窗口中。

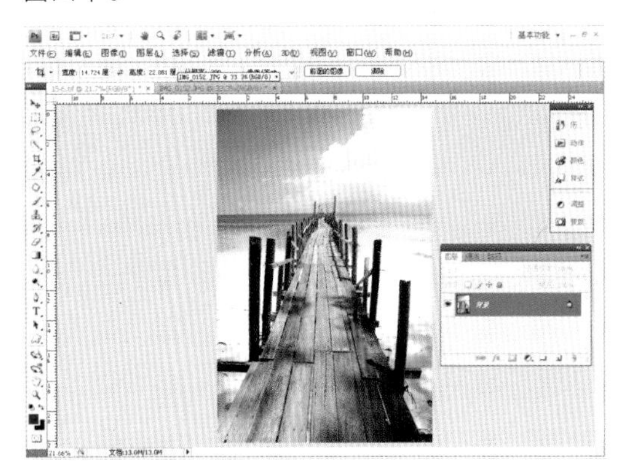

▲照片显示在软件窗口

3 选择“图像”→“调整”→“色彩平衡”命令。

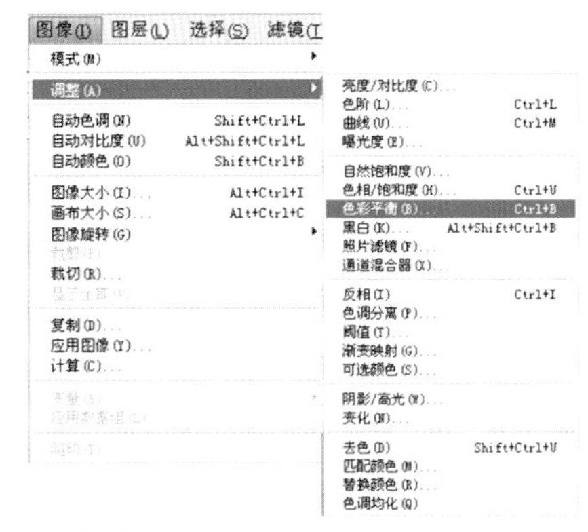

▲选择“色彩平衡”命令

4 弹出“色彩平衡”对话框。在这个对话框中，可以通过拖动“青色、红色”、“洋红、绿色”或“黄色、蓝色”中的三角滑块来进行调整。要想修正照片的色彩，可以一边调整色彩，一边查看调整效果，调整完毕，直接单击“确定”按钮即可。

▲调整前的照片

▲调整后的照片

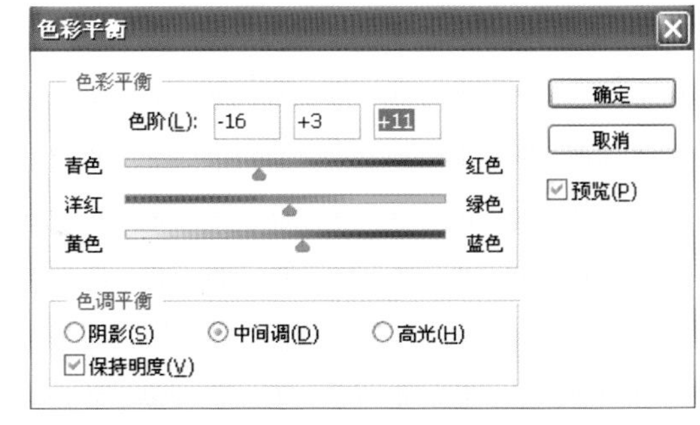

▲“色彩平衡”对话框

8.2 在Photoshop中调整画面亮度

一张照片的明暗程度，主要决定于数码单反相机内的测光系统。在大部分情况下，相机内的测光系统都会使拍摄者获得曝光准确的照片，但在实际拍摄中仍无法避免会拍摄出一些过亮或过暗的照片。那么，过暗或过亮的照片哪一个更容易调整呢？由于过亮的照片在亮部会呈现出一片死白，即便进行修正，效果也非常有限；相对来说，暗黑的照片更容易补救。通常产生这种效果的因素很多，如相机的选项设定错了，或现场的光线复杂。如何使用Photoshop软件补救过暗的照片呢？具体的操作步骤如下：

1 打开Photoshop软件。

2 打开要调整的照片。

▲打开要调整的照片

3 选择“图像”→“调整”→“色阶”命令。

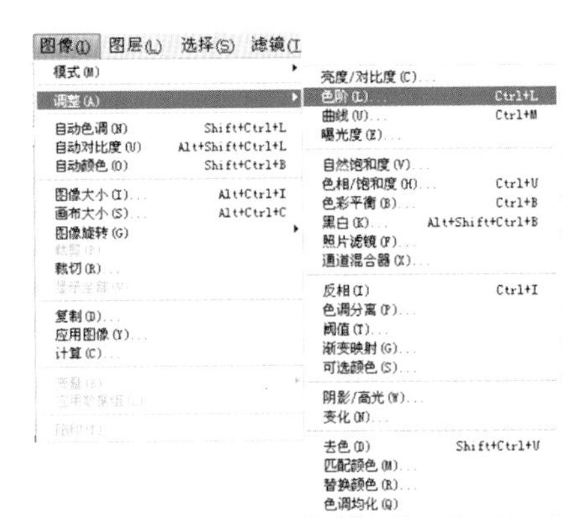

▲选择“色阶”命令

4 弹出“色阶”对话框，用鼠标拖动“输出色阶”三角滑块，可以看到照片有明显的变化。

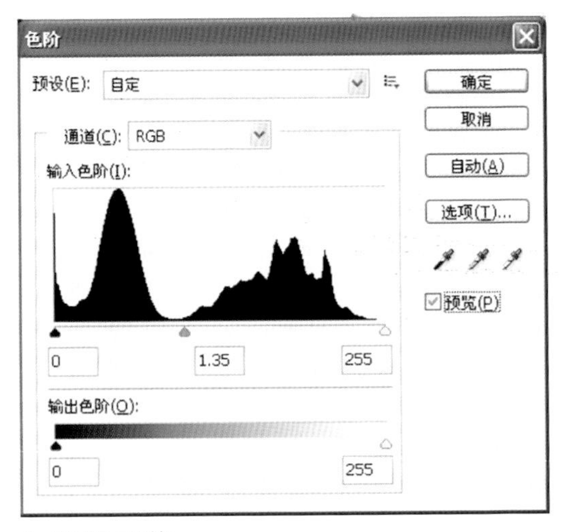

▲“色阶”对话框

▲调整前的照片

▲调整后的照片

8.3 在Photoshop中调整画面对比度

在拍摄环境中，因为光源或其他因素，使整体画面的照明不够均匀，不能使每个被摄体受光。这种情况和光线的强弱没有一定的关联，通常把亮部和暗部的亮度差异称为“对比度”。人眼能自动调节光线的对比度，所以人们能清楚地看到亮部和暗部的细节。数码单反相机的感光元件或传统相机的底片所能记录的亮部和暗部的细节都比不上人眼。那么，如何通过Photoshop软件来调整数码照片，让画面的明暗表现更接近于人眼所看到的效果呢？具体的操作步骤如下：

1 打开Photoshop软件。

2 打开要修改的照片。

▲调整照片

3 选择“图像”→“调整”→“亮度/对比度”命令。

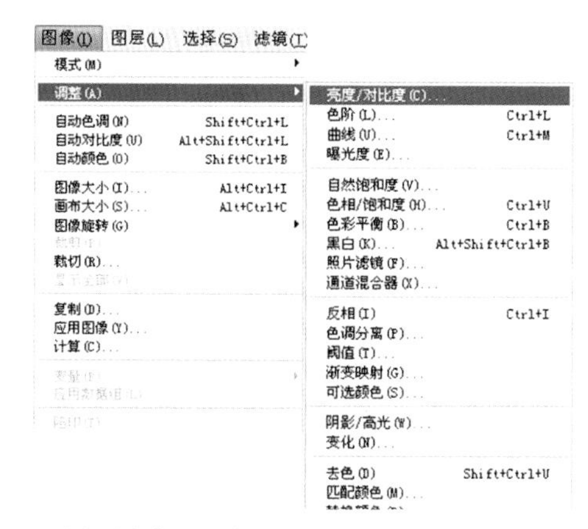

▲选择“亮度/对比度”命令

4 弹出“亮度/对比度”对话框。

亮度/对比度

亮度： 0

对比度： 0

确定

取消

预览(P)

使用旧版(L)

▲“亮度/对比度”对话框

5 在打开的“亮度/对比度”对话框中，向右拖动“亮度”滑块，照片中的亮度提高了。

▲向右拖动“亮度”滑块增加亮度

6 相对地，将“亮度”滑块向左拖动，照片会明显变得较暗。

▲向左拖动“亮度”滑块降低亮度

7 然后向左拖动“对比度”滑块，看看照片会有什么变化。

▲向左拖动“对比度”滑块降低对比度

8 一边查看效果，一边进行调整，让画面中的明暗对比度达到理想的效果。

▲选择合适的对比度

9 调至理想的效果后，单击“确定”按钮，完成调整。

▲调整后的照片

8.4 利用“色阶”命令美白肤色

使用Photoshop软件达到人像美白效果的方法有很多种，这里示范一种最简单的方式，就是使用Photoshop软件中的“色阶”命令。

“色阶”命令可以用来显示一张照片中最暗到最亮区域的分布情况。利用“色阶”对话框中的“中间调”调整选项，可以改变画面的明暗，而又不会破坏画面的整体效果。本例便是通过改变照片中间调，让画面变得明亮，间接达到美白的目的。具体的操作步骤如下：

1 打开Photoshop软件。

2 选择要进行美白处理的照片。

▲在界面中打开待处理的图片

3 选择“图像”→“调整”→“色阶”命令。

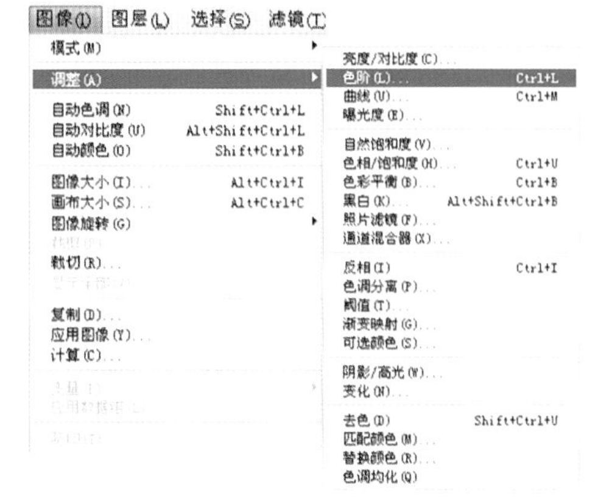

▲选择“色阶”命令

4 打开“色阶”对话框。

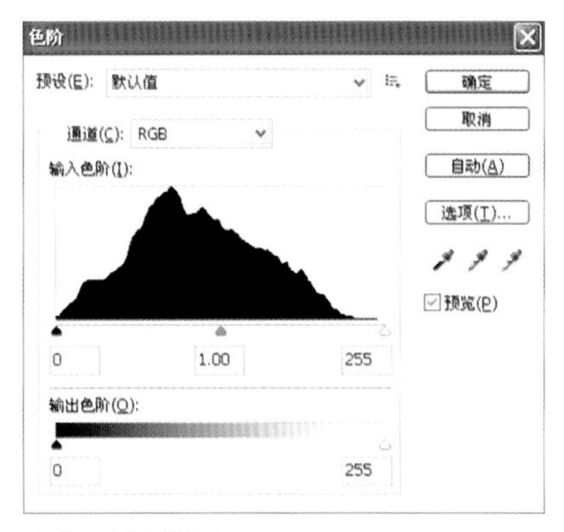

▲“色阶”对话框

5 只需要向左拖动中间的滑块，调整好后，单击“确定”按钮即可。

▲调整“中间调”

6 此时画面中的人物呈现出白皙、亮丽的肌肤效果。

▲调整前的照片

▲调整后的照片

8.5 利用“修复”画笔去除痘痘

这里将运用Photoshop软件的“修复画笔工具”，以移花接木的方式把人物脸上的痘痘和斑点去除掉，同时保留肌肤正常的质感，不会出现像涂了一层粉似的不自然。具体的操作步骤如下：

1 打开Photoshop软件。

2 打开想要调整的照片。

▲打开要调整的照片

3 在正式修片之前必须先把画面放大，以便检查照片中的细部瑕疵。在工具箱中选择“缩放工具”，在照片中单击数次，放大显示局部画面，可以清楚地看到照片中的人像面部有一些细纹和粉刺之类的小瑕疵。

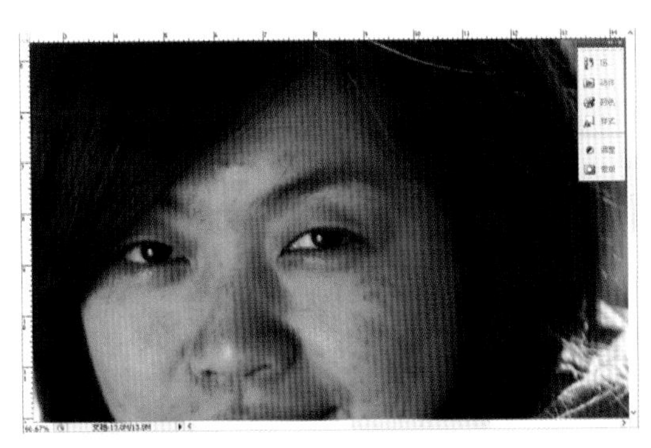

▲放大脸部画面

4 选择工具箱中的“修复画笔工具”。

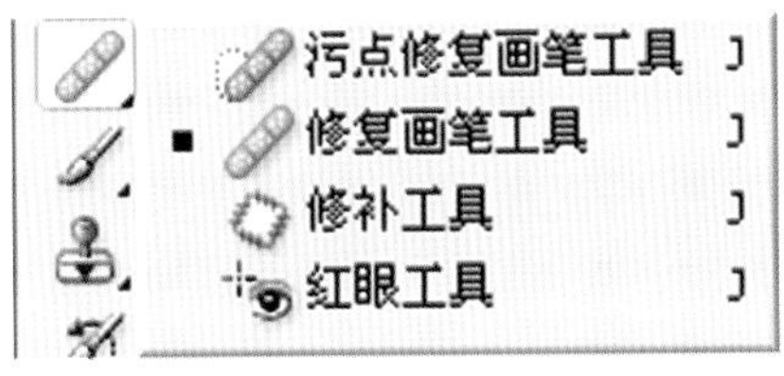

▲选择“修复画笔工具”

5 在工具选项栏中设置“修复画笔工具”的大小，使其刚好可以覆盖瑕疵。单击“画笔”右侧的下三角按钮，打开“画笔预设选取器”面板。

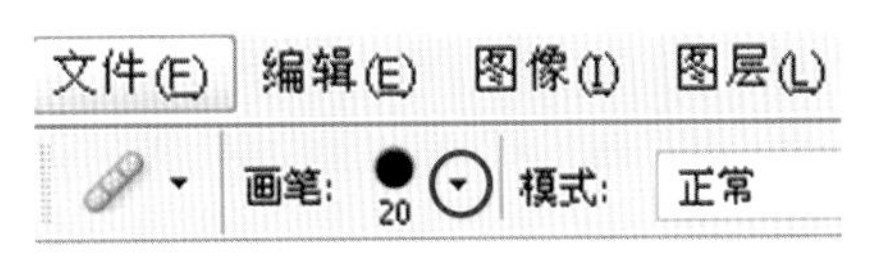

▲在工具选项栏中设置画笔大小

6 调整画笔的直径，在此将“直径”数值调整到“100px”。

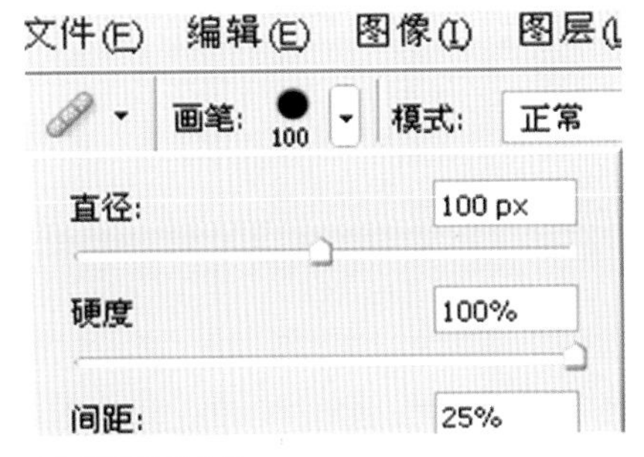

▲调整画笔的直径

7 设置完工具参数后，开始修补照片中的瑕疵。首先修补额头部分，将鼠标指针拖动到皮肤完好的区域，按住Alt键，再按鼠标左键，定义修复区域的源，然后释放鼠标。

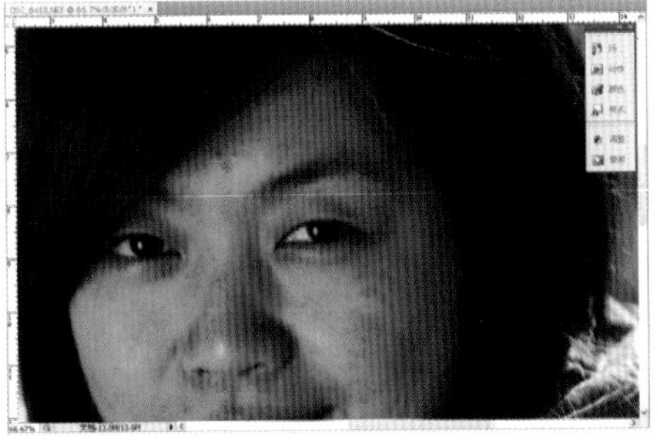

▲定义修复区域的源

8 回到要修补的区域，按住鼠标左键，涂抹有瑕疵的位置，这时会发现原本存在的痘痘不见了。重复修复操作，将脸颊部分的痘痘都修掉。

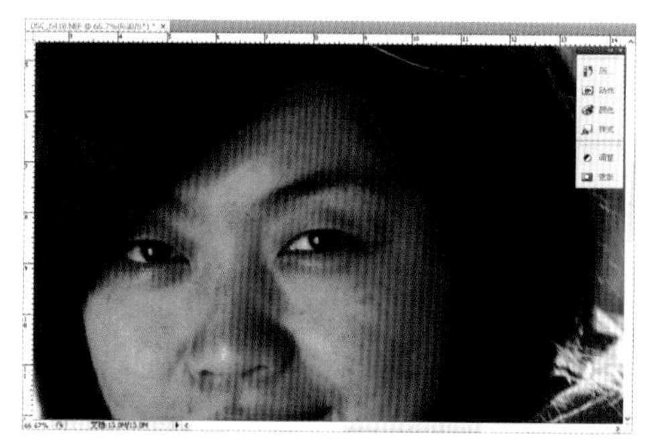

▲修复额头部分

9 现在修复脸颊的各种斑点和细纹，使皮肤光滑。同样，按住Alt键定义修复区域的源。

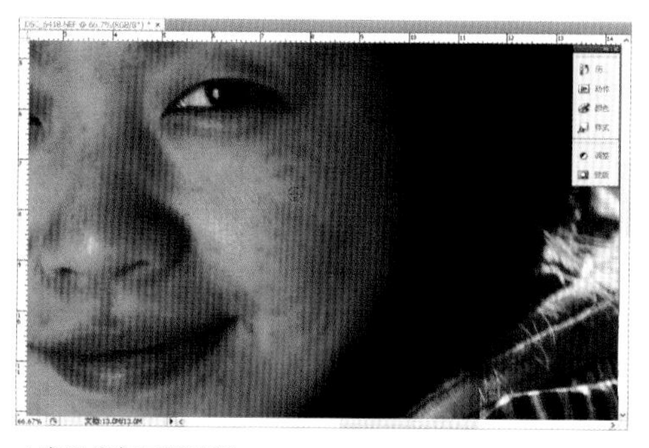

▲定义修复区域的源

10 再到有斑点的区域，按住鼠标左键，涂抹有瑕疵的位置。重复这个操作，将脸颊所有的瑕疵都修复好。

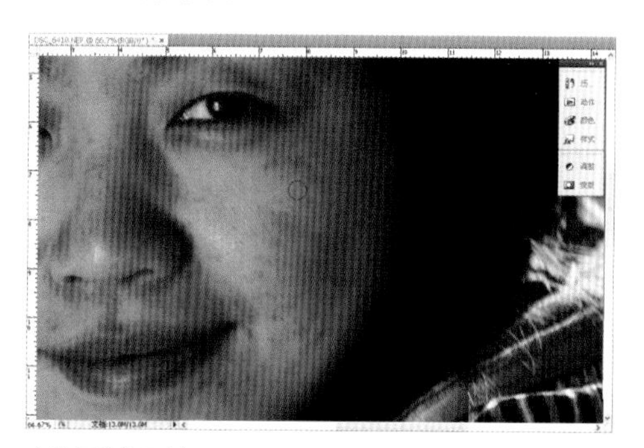

▲修复脸部区域

11 修复完成后，缩小画面查看全图是否完美无瑕，直到满意为止。

▲查看修复结果

▲修复前的照片

▲修复后的照片

8.6 常用滤镜的介绍

在传统摄影中，拍摄者如果想为自己的照片加些特效，有两种方式。一种是在暗房中运用暗房技术来实现，由于拥有暗房的人比较少，所以这个方法并不普及；另一种则是使用滤镜，加装在相机的镜头前，可让平淡的照片变换出不同的效果。在数码摄影中，如果想要形成特殊效果的影像，可以用更方便的办法，即使用Photoshop的滤镜功能。以前在传统暗房内能实现的效果，现在都可在Photoshop软件中实现。具体的操作步骤如下。

1 打开Photoshop软件。

2 选择“文件”→“打开”命令，打开要进行特效处理的照片。

▲ 打开图像

3 选择“滤镜”→“滤镜库”命令。

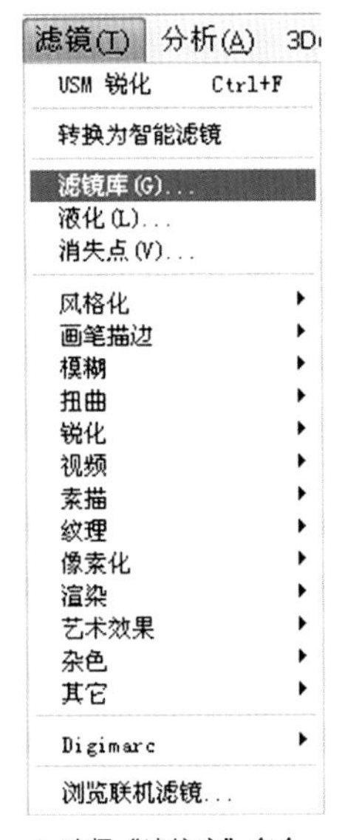

▲ 选择“滤镜库”命令

4 打开“滤镜库”对话框。

▲ 在“滤镜库”对话框中可以选择滤镜效果

5 在这个对话框中，左侧是预览窗口，中间是特效滤镜选项，可以通过单击其中的“调色刀”、“水彩”、“霓虹灯光”等滤镜选项，在左侧的预览窗口中预览添加了滤镜后的效果。

原照片

部分滤镜效果

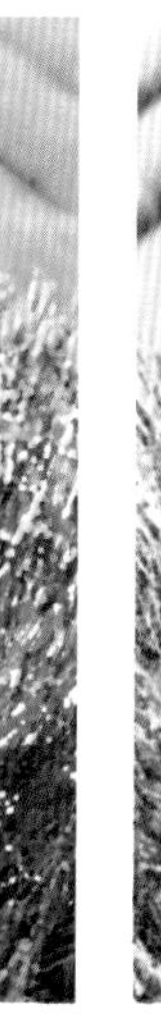
▲“调色刀”效果

▲“水彩”效果

▲“霓虹灯光”效果

▲“胶片颗粒”效果

▲“海报边缘”效果

▲“彩色铅笔”效果

▲“木刻”效果

▲“壁画”效果

▲“塑料包装”效果

8.7 修正高层建筑的透视效果

在拍摄建筑时，除了使用移动镜头可以修正建筑的线性透视效果之外，在数码摄影中还可以有不同的选择，那就是利用Photoshop软件来修正透视效果。具体的操作步骤如下：

1. 打开Photoshop软件。
2. 选择“文件”→“打开”命令，打开要修正的照片。
3. 在“图层”面板中复制“背景”图层，选择背景副本图层进行修改。

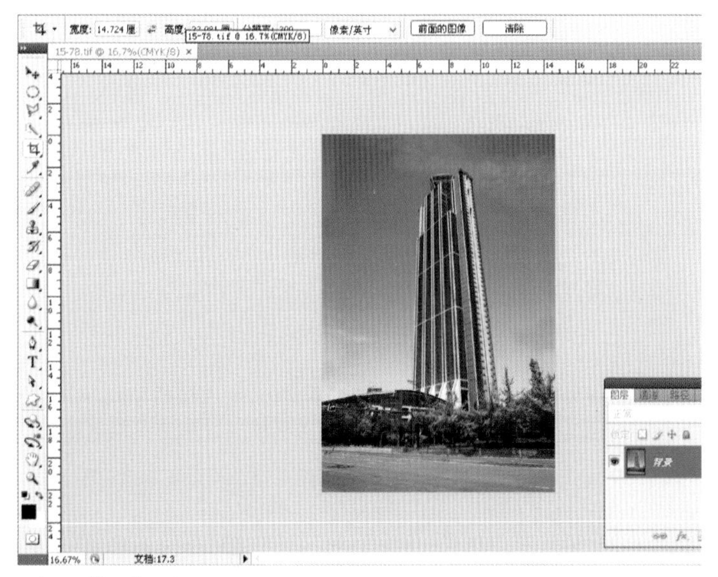
▲打开要修正的照片

▲复制图层

4 选择“编辑”→“自由变换”命令，照片的四周出现8个控制点。

编辑(E)	图像(I)	图层(L)	选择(S)

还原自由变换(O) Ctrl+Z
后退一步(K) Alt+Ctrl+Z
填充(L)... Shift+F5
描边(S)...
内容识别比例 Alt+Shift+Ctrl+C
自由变换(F) Ctrl+T
变换

▲选择“自由变换”命令

5 按住Ctrl键，拖动右上与左上的控制点进行调整。

▲修正照片

6 完成后按Enter键确认操作。

▲修正前的照片

▲修正后的照片

8.8 照片曝光不足时的处理办法

在拍摄时，经常会因为天气和光线等原因，造成拍摄出来的照片曝光不足，对于经验丰富的摄影师来说，在光线不强的环境中拍摄会采用闪光灯或者增加曝光时间等方式弥补光线所带来的问题。曝光不足的照片主要是画面的清晰度低，看起来灰蒙蒙的，细节层次显示得不够清楚等，我们可以在后期处理时对照片进行补救。具体的操作步骤如下：

1 在Photoshop软件中打开要进行处理的照片，这是一张室外拍摄的人像照片，由于人物的取景是在一个破旧建筑物的角落处，因此导致拍摄的照片曝光不足，整体画面显得过暗且灰蒙蒙的。

▲打开要进行处理的照片

2 打开照片后，我们将使用Photoshop软件中的图像调整功能对曝光进行控制。Photoshop中新增了一个直接调整曝光度的命令，它是专门用来处理图像曝光问题的命令。选择菜单中的“图像”→“调整”→“曝光度”命令，弹出“曝光度”对话框。

▲选择“曝光度”命令，打开“曝光度”对话框

3 在弹出的对话框中首先调整第一个参数值，将“曝光度”选项下方的小三角滑块向右移动增加曝光数值，调整后的具体参数如下图所示。此时照片画面的曝光得到加强，画面亮了起来，照片效果如图所示。

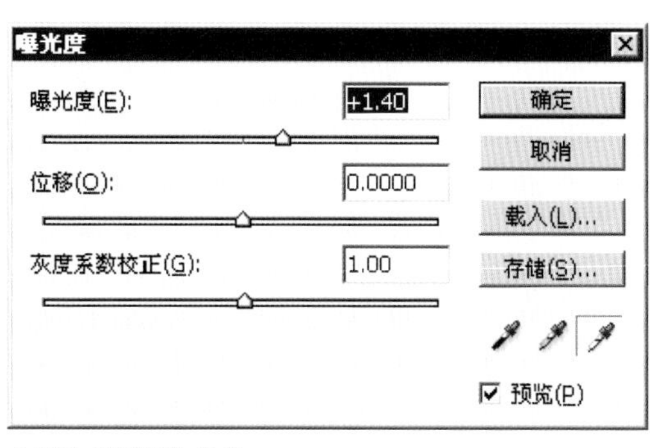

▲调整“曝光度”数值

4 调整完成第一个参数值后，将第3个参数值“灰度系数校正”下方的三角滑块向左移动以调整数值，对话框的具体参数如下图所示。此时，照片画面中的暗调到亮调之间的灰调层次得到了恢复，单击“确定”按钮，完成操作。曝光不足的照片修复完成。

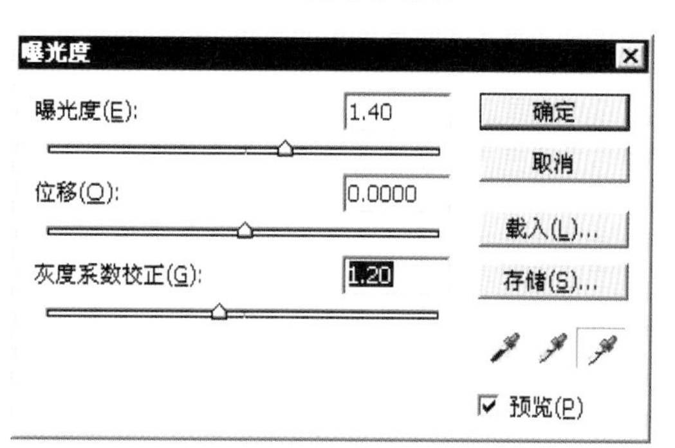

▲调整“灰度系数校正”数值

技巧 · 提示

在调整了“曝光度”数值后，光线变得充足了，整个画面提亮了许多。但是，照片的高光和暗度的对比还是很强烈，画面显得生硬，这就需要将照片的灰度系数进行校正。

▲处理前

▲处理后

8.9 处理曝光过度的照片

拍摄照片既然会产生曝光不足的问题，也必然会出现曝光过度的问题。尤其是在强烈的光线下拍摄时，照片容易过曝。能适当地控制光圈快门，得到曝光准确的照片是大家所希望的，但并不是每个人都能很好地控制光圈快门。曝光过度的照片，通常画面过亮，我们可以通过后期处理，将照片曝光恢复正常。具体的操作步骤如下：

1 在Photoshop软件中打开要进行处理的照片。这是一张在草原上拍摄的风光照片，因为光线过于强烈，照片曝光过度。在进行修复之前，将“背景”图层拖动到图层面板底部的“新建”按钮上，复制一个“背景副本”图层。

▲要进行处理的照片

▲复制为“背景副本”图层

2 在图层面板中单击“设置图层混合模式”选项后的下三角按钮，弹出“混合模式”下拉列表。然后将“混合模式”设置为“正片叠底”，这时可以发现画面的暗调得到加深，画面明暗对比变强了，曝光过度的问题得到了解决。

▲选择“正片叠底”命令　　▲弹出“混合模式”下拉列表

3 为了使照片的效果更加理想，在图层面板中将“填充”选项的参数值调整到80%，如图所示，调整完成后就得到了一张曝光正确且画面漂亮的草原风光照片。

▲设置“填充”选项值

▲照片处理前

▲照片处理后

8.10 通过裁切照片突出主体

摄影初学者在拍摄照片时，经常会出现画面内容太多，而主体不突出的问题。出现主体不突出的情况通常是在拍摄照片时没有对所拍摄的画面进行很好地取舍处理，兼顾太多而造成的，尤其在户外拍摄风景人像时，一定要在兼顾风景的同时，不要忘记突出人物主体。具体的操作步骤如下。

1 在Photoshop软件中打开要进行处理的照片，选择工具箱中的“裁剪工具”，在工具选项栏上打开“工具预设”选取器，选择剪切宽度为5英寸、高度为7英寸的工具模式，然后单击“高度和宽度互换”按钮，将宽度和高度的尺寸互换，如图所示。然后，在照片上拖出一个能将画面的主体部分表现得更突出的裁切区域，如图所示。

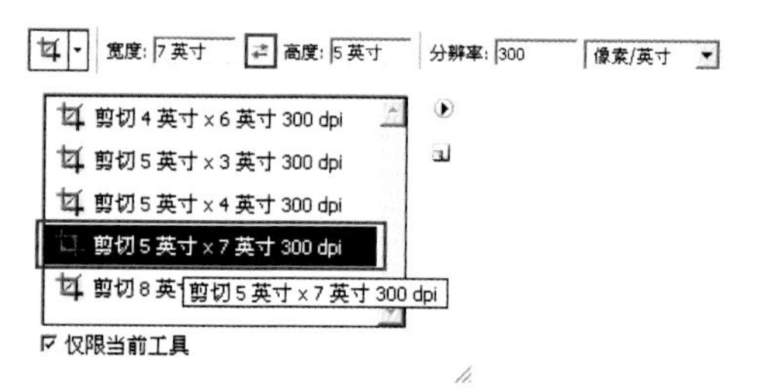

▲在“工具预设”选取器中设置参数

◀打开要处理的照片

2 设置好裁切区域后，按Enter键确认操作，将照片多余的场景裁掉，画面的人物部分就变得更为突出了，得到的最终照片效果如图所示。

▲拖出能够突出主体的裁切区域

▲照片处理前

▲照片处理后

8.11 对照片进行重新构图

照片构图分为横构图和竖构图两种。拍摄时，应根据拍摄者的需要选择适合的画幅进行构图。横画幅拍摄开阔的风景是比较好的，而竖画幅适合于表现高大稳重等主体的照片，它们各有各的优势。如果拍摄了一张横构图的照片，想要改成竖构图也是很容易的。具体的操作步骤如下：

1 打开Photoshop软件，选择需要处理的照片。

2 在Photoshop中打开要进行重新构图的照片，这是一张横构图的照片，如图所示。要将它改成竖构图，必须选择工具箱中的“裁切工具” ，然后使用鼠标在图像上拖出裁剪框，照片变暗的部分将是被裁剪掉的内容，如图所示。

▲打开需重新构图的照片

▲改为竖构图所拖出的裁剪框

3 裁剪框中的图像内容保留成竖构图，按Enter键确认裁剪操作，得到竖构图的画面，效果如图所示。

▲照片处理前

▲照片处理后

技巧 · 提示

在使用“裁剪工具”时，除了可以随意进行照片的长宽裁切之外，还可以设置固定的长宽裁切比例。使用设置好的固定裁切比例，有利于多张照片同时进行裁切，长宽比例可保持一致。

8.12 校正倾斜的照片

每个摄影爱好者都有自己的摄影习惯。比如在拍摄海平面时有人喜欢将它拍成平行线的效果，有人喜欢将它拍成斜线的效果。但有时候所拍摄照片中的一些事物本应该是平的，而拍出的画面却变成了倾斜的，这样看起来就会觉得别扭。拍摄出的照片遇到这样的问题是很好解决的，可以在Photoshop中进行校正处理。具体的操作步骤如下：

1 在Photoshop软件中打开要进行处理的照片，这是一张在室内靠墙拍摄的人像，墙面的文字明显处于倾斜状态，影响了画面的效果，如图所示。接下来进行校正，首先双击图层面板中的“背景”图层，将它新建为“图层0”，如图所示。

▲打开要处理的照片

▲将原背景图层新建为“图层0”

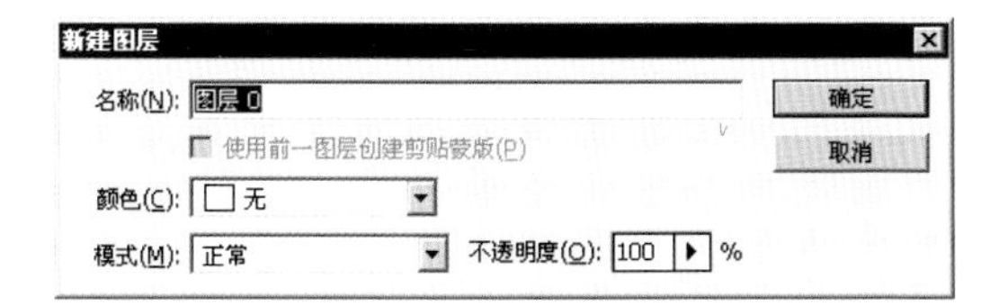

2 然后，按快捷键Ctrl+T，调出“自由变换”调节框，使用鼠标拖动自由变换框的任一个角上的控制点，将倾斜的画面进行旋转，直到画面中的文字处于水平位置，如图所示。

▲调整控制点使画面中的文字处于水平位置

技巧·提示

在打开图片后，将“背景”图层转换成普通的图层是为了应用“自由变换”命令。如果没有进行转换，“背景”图层是不能直接使用“自由变换”命令进行操作的。

3 旋转完成后，按Enter键确认操作，由于画面旋转的原因，照片的四角出现缺失，所以还要进行裁切操作。选择工具箱中的“裁剪工具”，拖出裁剪框，将缺失的四角置于裁剪框之外，如图所示。按Enter键确认操作，倾斜的照片得到校正，最终照片效果如图所示。

▲拖出裁剪框

▲裁切后的照片

8.13 制作怀旧效果的黑白照片

数码相机的普及使得传统相机受到了很大的冲击。胶卷冲印的照片在逐渐变少。很多家庭保留的老式照片更是一种不可多得的财富。怀旧式的照片往往更容易将观者带入照片的情景中，仿佛回到了过去。通常，那种怀旧效果的黑白照，总是因为时光的流逝而变得发黄，好像粘上了时光的痕迹。Photoshop软件可以帮助您制作出这种效果的照片。具体的操作步骤如下。

1 在Photoshop软件中打开要进行处理的照片，这是在坝上草原拍摄的当地农民进行秋收的场景，如图所示。将它制作成怀旧效果的黑白照，是一种不错的选择。

▲打开要进行处理的照片

2 首先，将照片去色。执行菜单中的“图像”→“调整”→“黑白”命令，在弹出的“黑白”对话框中进行参数设置，将照片中的颜色进行黑白处理，参数设置及黑白效果如图所示。

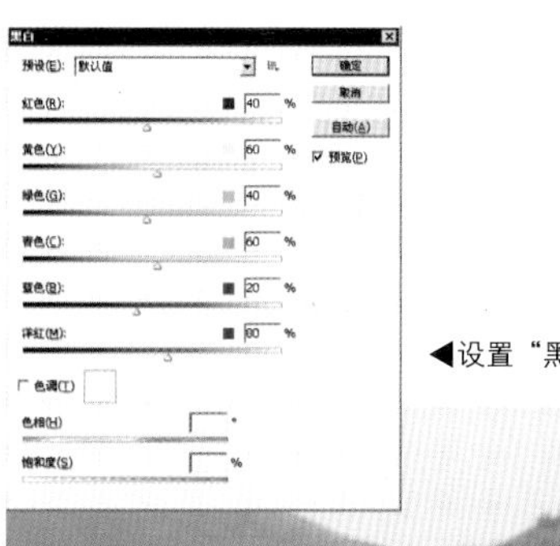

◀设置“黑白”对话框中的参数

▲设置后的效果

3 照片去色完成后，不关闭“黑白”对话框，接下来给黑白照片添加发黄的效果。在“黑白”对话框中选中“色调”复选框，然后设置照片的色调，具体参数设置如图所示。设置完成后，单击“确定”按钮，最终得到发黄的照片效果，如图所示。

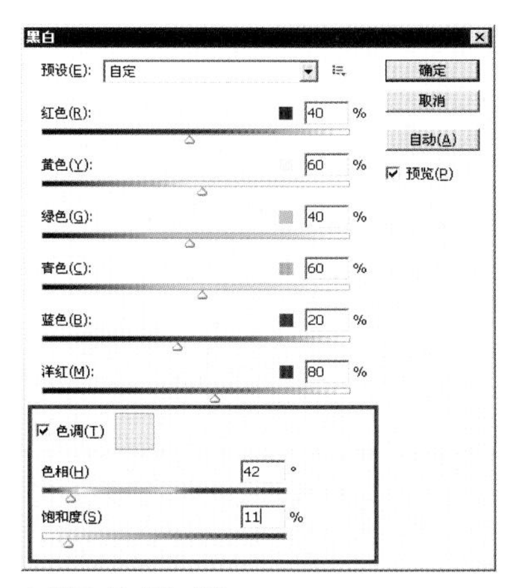

▲设置“色调”参数

▲发黄照片效果

▲照片处理前

4 为了使照片的效果更出色，执行菜单中的“图像”→“调整”→“色阶”命令，弹出“色阶”对话框，进行参数设置，如图所示。将照片稍微调整得亮一些，设置完成后单击“确定”按钮，一张怀旧效果的黑白照就制作完成了，效果如图所示。

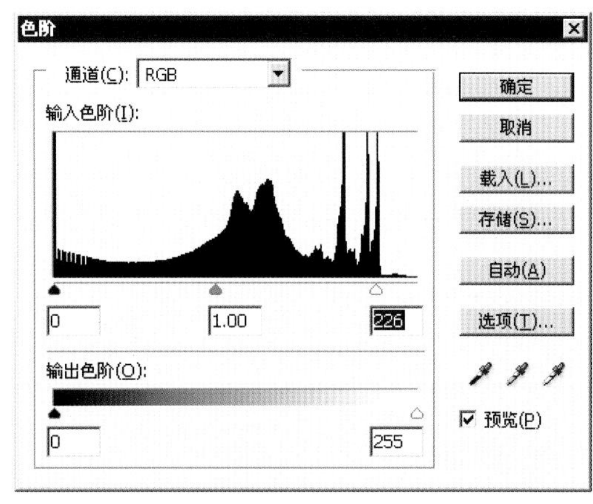

▲设置“色阶”对话框中的参数

▲调整“色阶”参数后的照片效果

▲照片处理后

8.14 加深画面中天空的蓝色

摄影除了讲究技术外，有时运气也很重要。在不同时段，拍摄同一景物，在相同的构图中，一张画面中的天空一片蔚蓝，而另一张画面中的天空却一片灰蓝，得到的作品的感觉完全不同。俗话说“天有不测风云”，因此不是总会出现天空一片蔚蓝的照片。而使用Photoshop就可以做到“人定胜天”，无论拍摄的天空色彩多么不理想，都能将其变成蔚蓝色。具体的操作步骤如下：

1 在Photoshop软件中打开要进行处理的照片，这是一张在秋天大自然中拍摄的人像照片，枯黄的野草随风飘动，人物穿着红色的裙子在画面中非常引人注意，可灰蓝色的天空使得照片少了一些视觉上的冲击力，如图所示。接下来进行天空加蓝的处理。

▲打开要处理的照片

2 要将天空变得更蓝，就要得到天空的选区。从“图层”面板切换到“通道”面板，选择“蓝”通道将它拖到底部的“创建新通道”按钮 上，得到“蓝副本”通道，如图所示。此时显示的图像效果如图所示。

◀选择“蓝副本”通道

▲选择“蓝副本”通道后的效果

3 选择菜单中的“图像”→“调整”→“色阶”命令或者按快捷键Ctrl+L，弹出“色阶”对话框，单击对话框中的“在图像中取样以设置白场”吸管工具，然后在画面中的天空区域的灰色上进行单击，天空区域变成白色，如图所示。

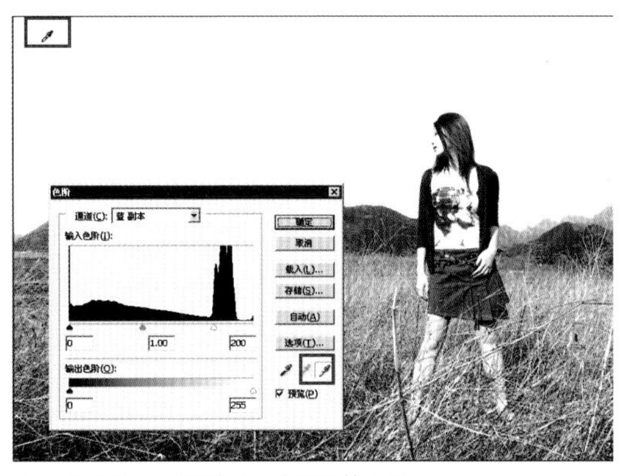

▲在“色阶”对话框中选取白场吸管工具

4 通过白场设置后，不关闭“色阶”对话框，继续进行参数设置，将黑色区域进行加深处理，设置完成后单击“确定”按钮，对话框参数设置及应用效果如图所示。

▲在“色阶”对话框中加深黑色区域

5 通过“色阶”的调整，这时候天空区域全部变成了白色，要得到这个区域的选区就很容易了。选择工具箱中的“魔棒工具”，在天空区域单击鼠标，将此区域选中，如图所示。然后选择“RGB”通道，切换到“图层”面板，可以发现灰蓝的天空变成了选区，如图所示。

▲用“魔棒工具”选择天空区域

▲加蓝的天空变为选区

6 单击“图层”面板底部的“创建新图层”按钮，新建一个空白的“图层1”图层，如图所示。选择工具箱中“渐变工具”，在工具选项栏上单击渐变条，弹出“渐变编辑器”对话框，然后设置冰蓝色到蔚蓝色的渐变，如图所示。

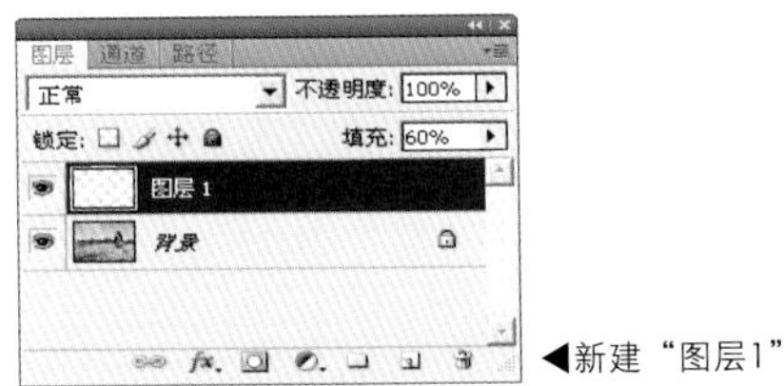

◀新建“图层1”

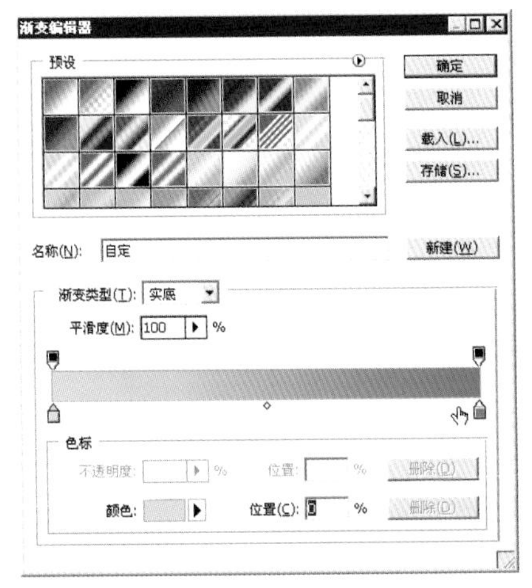

▲设置渐变色

7 设置完成后，使用渐变工具，按住鼠标左键，从选区的下方向上方拖动鼠标绘制蓝色的渐变色，按快捷键Ctrl+D取消选区，天空区域被蓝色渐变色代替，得到的图像效果如图所示。

◀设置图层参数

▲用蓝色的变色填充天空区域

8 在“图层”面板中将“图层1”的混合模式设置为“线性加深”，“填充”设置为“60%”，如图所示，设置完成后，渐变色块跟天空进行了混合，淡淡的白云显现出来，天空的蓝色也得到了加深，最终照片效果如图所示。

▲照片处理前

▲设置后的效果

技巧 · 提示

Photoshop软件中的通道功能，主要是保存选区和存储颜色。为了得到天空的选区，最好的方法是在通道中进行编辑。在选择复制通道时，要选择一个天空跟其他事物对比稍微强烈的通道，这样更有利于天空选区的获得。

8.15 更改手提包的颜色

数码摄影的一个好处就是可以进行电脑的后期处理。如果觉得模特的服饰或者配饰色彩不好看，可以很轻松地在Photoshop软件中更换各种不同的色彩，直到获得满意的画面色彩为止。具体的操作步骤如下：

1 在Photoshop软件中打开要进行处理的照片。我们看到整个画面的色彩都比较柔和、淡雅，如果我们想要使画面中某一个色彩突出并成为亮点，可改变一下手提包的色彩，使其成为画面的亮点。

▲打开需要处理的照片

2 使用工具栏中的“钢笔工具”，沿着手提包的边缘选取选区，直到手提包被全部选中。然后设置羽化选项，对选区进行羽化处理。

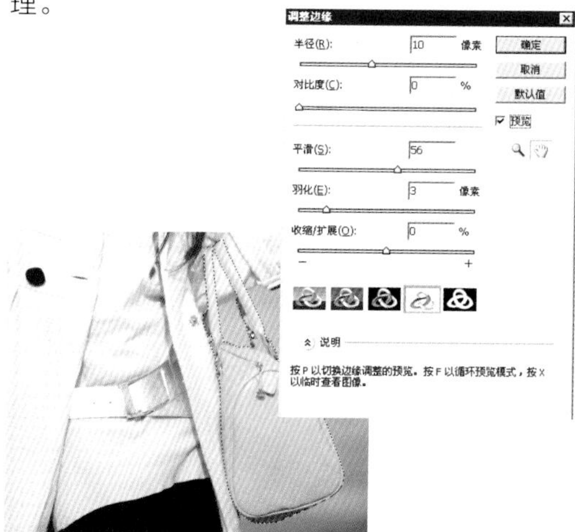

3 执行菜单中的“图像”→“调整”→“色相”→“饱和度”命令，打开“色相/饱和度”对话框，在“色相”选项中进行调整，此时可以看到明显的变化，如果觉得色彩不够鲜亮，可以再调整“饱和度”选项值。这样可以调节出不同的效果。

打开需要处理的照片

▲照片处理前

▲照片处理后

8.16 制作鱼眼镜头的效果

鱼眼镜头的使用在摄影中并不常见，鱼眼镜头拍摄出来的画面效果就像鱼眼的视觉效果一样，呈球体状。这种变形效果正是鱼眼镜头的价值所在。如果没有这种镜头，也没关系，在Photoshop中可以制作出鱼眼镜头的照片效果。具体的操作步骤如下：

1 在Photoshop软件中打开要进行处理的照片，这是一张以拍摄树为主体的风景照片，如下图所示。以风景照片制作鱼眼效果会明显。

2 选择工具箱中的“裁剪工具”，在画面中拖出正方形的裁剪框，将画面的主要景物保留在框中，如图所示。调整好最佳裁剪区域后，按Enter键确认操作，得到正方形的画面效果，如图所示。

3 然后调整画布大小，执行菜单中的“图像”→“画布大小”命令，在弹出的“画布大小”对话框中将画布的“宽度”和“高度”分别增加4cm，如图所示。画布大小设置完成后照片四周出现黑色的边框，如图所示。

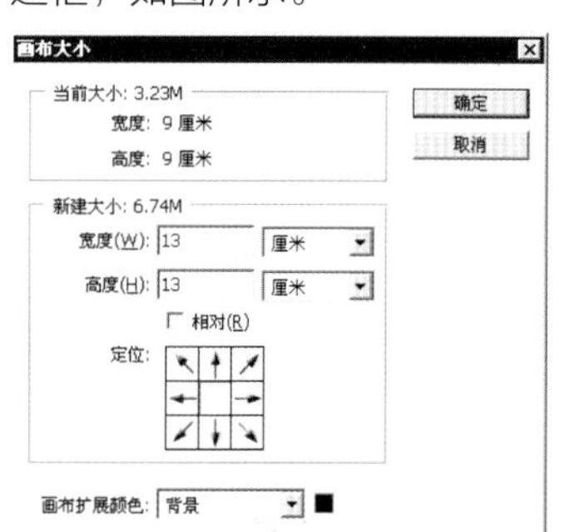

▲照片处理前

4 接下来就要进行鱼眼效果的制作了。执行菜单中的“滤镜”→“扭曲”→“球面化”命令，在弹出的“球面化”对话框中进行参数设置，如图所示。单击“确定”按钮，得到初步的鱼眼镜头照片，如图所示。按快捷键Ctrl+F重复执行一次球面化滤镜操作，这样就得到了最终鱼眼镜头的照片效果了，如图所示。

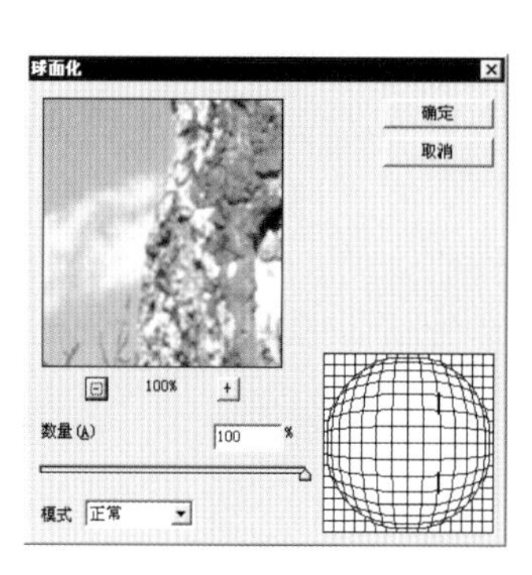

技巧 · 提示

现在的很多相机都具有防抖功能，具备了防抖功能的相机安全快门速度可以是原来速度的 2 ~ 4 倍，也就是说原来的安全快门速度是1/300s，有了防抖功能后可以降低到1/150或者1/80s。另外，还可以找一个可以依靠的东西或者是支柱来避免手持时因为抖动而造成的照片模糊。

▲照片处理后

8.17 给照片添加镜头光晕

照片拍摄中所产生的镜头光晕，是许多摄影师所忌讳的。其实，镜头产生光晕的效果并非是一无是处的。有时候产生一些光晕效果，反而可以使画面效果更佳。在Photoshop中，有一种专门添加镜头光晕效果的滤镜，可以轻松地为照片添加光晕效果。具体的操作步骤如下：

1 在Photoshop软件中打开要进行处理的照片，这是一张以拍摄船只为主体的风景照片。以风景照片制作光晕效果会更好。

2 执行菜单中的“滤镜”→“渲染”→“镜头光晕”命令，在弹出的“镜头光晕”对话框中进行参数设置，并在缩览图中对光晕的中心点位置进行调整，如图所示。调整完成后，单击“确定”按钮，就得到了一张有镜头光晕的照片。

▲照片处理前

▲照片处理后

8.18 制作灯光的闪烁效果

在观看灯光或烛光时会发现在最亮的地方会隐约发出淡淡的十字闪光。使用相机拍摄时，闪光总会变成白朦朦的一片，想拍摄出十字闪光效果，可在相机镜头前加装“星镜”，便能拍摄出十字闪光了。我们也可以通过后期处理给照片添加“十字闪光”，效果也是很不错的。具体的操作步骤如下：

1 在Photoshop软件中打开要进行处理的照片，这是一张在城市悠闲广场所拍的灯火照片，如图所示。有序排列的灯发出黄色的光相当好看，唯一不足的就是没有拍摄出眼睛所能看到的闪烁光芒。接下来就进行闪烁星光的添加。

2 将前景色设置为白色，选择工具箱中的“画笔工具”，在工具选项栏上选择一种星光形状的画笔，然后设置好参数，如图所示。设置好后，在灯光最耀眼处单击，绘制闪光效果。

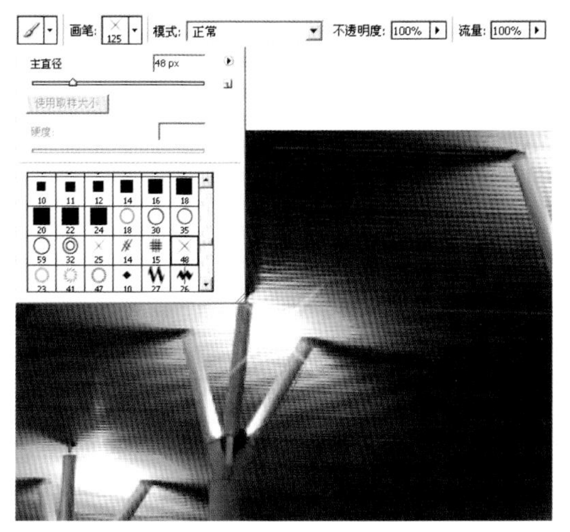

3 在绘制时，为了使闪光效果更加理想，可以随时在选项栏中对画笔的大小进行更改，然后多次进行绘制，如图所示。将每一盏灯都添加一些星光，一张漂亮灯光的照片就制作完成了。

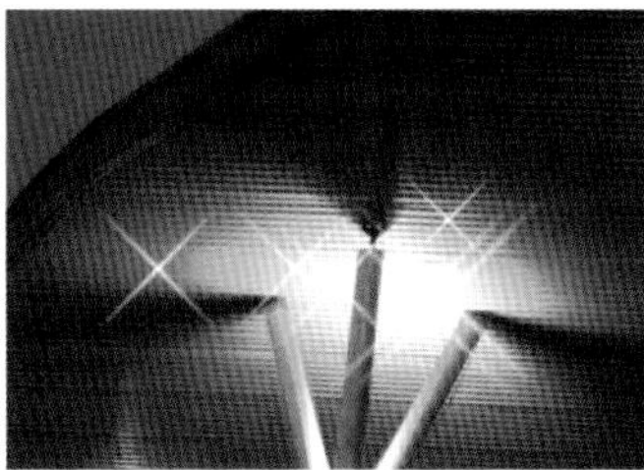

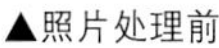
▲照片处理前

▲照片处理后

8.19 制作位移效果

位移效果是一种体现速度的绝佳方法，这种效果能强烈地突出主体，但拍摄起来难度很大，如果在Photoshop软件中进行制作就容易很多。

1 打开图片。在Photoshop软件中，执行“文件”→“打开”命令，在弹出的“打开”对话框中选择一张素材图片，然后复制一层原图的图层，以方便操作。

2 在滤镜中选择“模糊”→“动感模糊”调整角度为20°，距离为188，制造动感模糊效果。

3 在图层窗口下方选择“快速蒙板工具”。

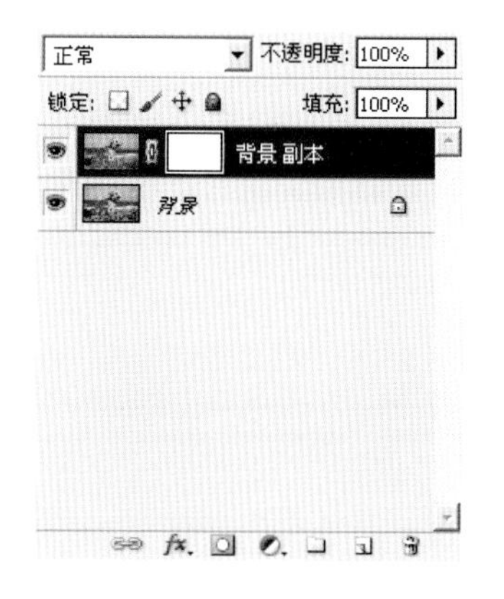

4 工具栏中色板选定黑色为前景，白色为底色时，选择“油漆桶工具”填充，画面还原为原图。

5 在工具栏中色板前景为白色，底色为黑色时，使用“画笔工具”，选择需要动态模糊的部分画面，本幅为地上的青草和小狗的尾巴、后腿处的毛发。

从对比图中可以看到制作前的效果，小狗的动态不明显，画面整体氛围不足，制作后效果画面的动态感更强，主体更加突出。

▲制作前效果

▲制作后效果

8.20 制作倒影效果

对称是人们在美感中的一个基本认识，所以这里介绍一种在Photoshop软件中制作对称效果的方法。

1 打开图片。在Photoshop软件中，执行“文件”→“打开”命令，在弹出的“打开”对话框中选择一张素材图片。

2 在菜单栏中执行“图像”→“画布大小”命令，在弹出的“画布大小”对话框中，设置“定位”和“高度”。

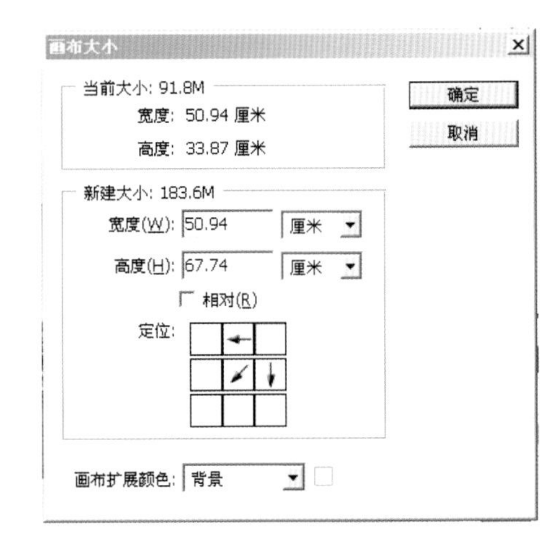

3 画布变为被指定的大小。

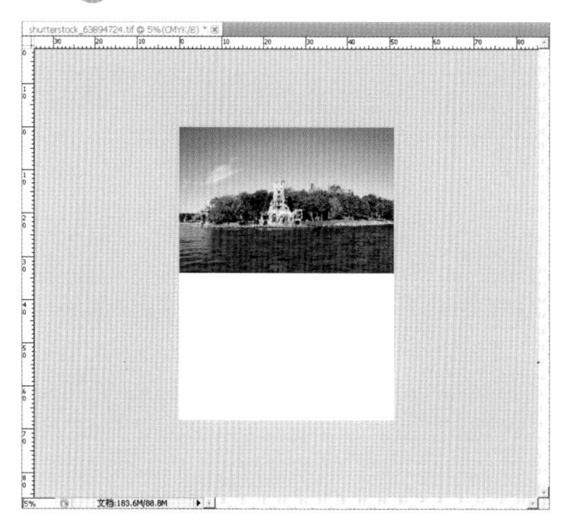

4 复制原始图层，在菜单栏中执行“编辑”→“变换”→“垂直翻转”命令，图像被颠倒了。

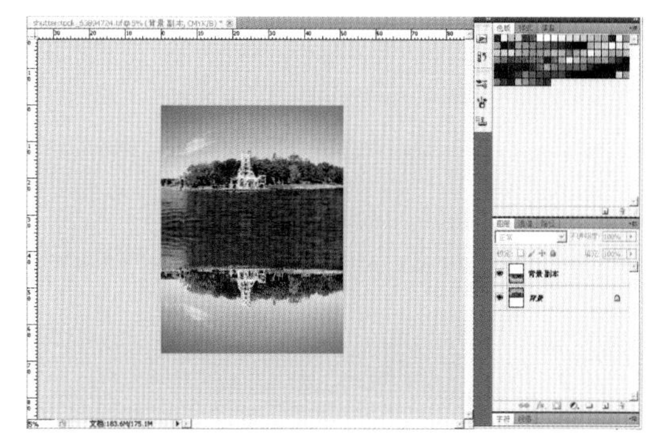

5 选定新图层，使用“变换”中的“自由变换”调整画面，直到画面中的景物底部相接。

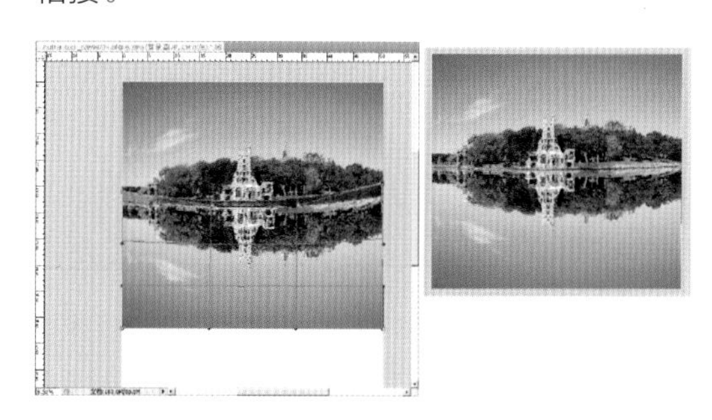

6 在菜单栏中执行“滤镜”→“扭曲”→“波纹”命令，在弹出的“波纹”对话框中，设置“数量”为180。

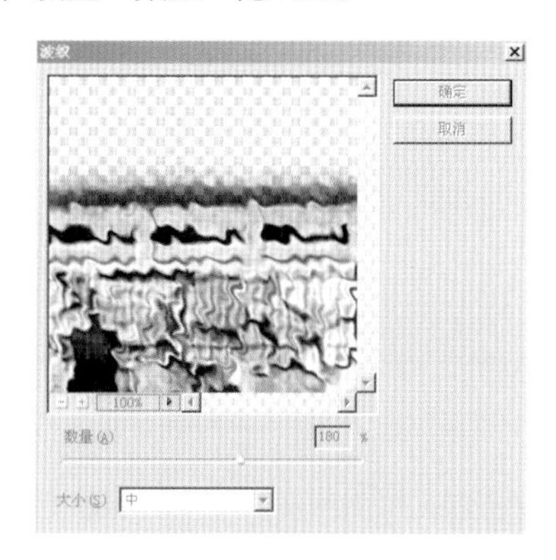

7 这样就得到类似倒影的效果，但是为了使画面看起来更逼真，我们还需要做其他的设置。减少倒影图层的透明度，设置为53%左右。

8 在工具选项栏中设置尺寸较大的橡皮擦，在图片下方细细地涂抹，擦出原图的水纹。这样就得到了较为真实的倒影效果。

▲制作前效果

▲制作后效果

8.21 缩放效果的制作

缩放效果的最大优点就是能够集中视线，而要想在拍摄中完成，对器材和拍摄者的技术要求都比较高，而在Photoshop软件中这种制作非常简单。

1 打开图片。在Photoshop软件中，执行“文件”→“打开”命令，在弹出的“打开”对话框中选择一张素材图片。

2 在菜单栏中执行“滤镜”→“模糊”→“径向模糊”命令，在弹出“径向模糊”对话框中，选择“模糊方法”选项区组中的“缩放”单选按钮，移动中心点，将缩放的中心点移至主体所在的位置处。

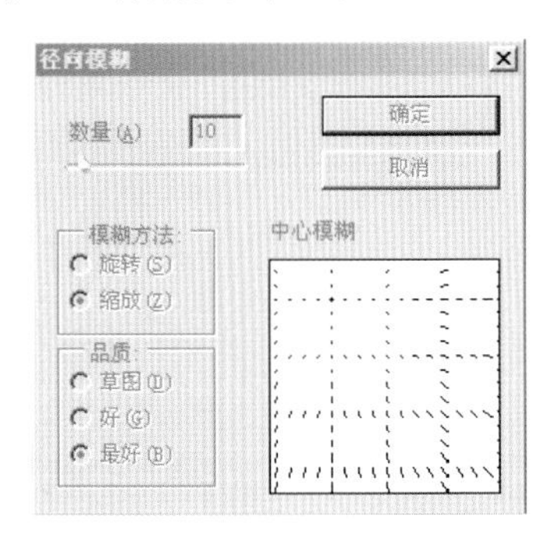

3 在图层窗口下方选择“快速蒙板工具”。

4 工具栏中色板选定黑色为前景，白色为底色时，选择“油漆桶工具”填充，画面还原为原图。

5 在工具栏中色板前景为白色，底色为黑色时，使用画笔工具，选择需要径向模糊的部分画面。

▲制作前效果

▲制作后效果

8.22 Photoshop的液化整形术

现在许多女孩为了更加美丽不惜重金，冒着风险去整容医院割双眼皮、垫鼻梁等，做一些整容手术，在Photoshop中的液化功能就能简简单单地为照片中的你整形。

1 打开图片。在Photoshop软件中，执行“文件”→“打开”命令，在弹出的“打开”对话框中选择一张素材图片。

2 在菜单栏中执行“滤镜”→“液化”命令，弹出“液化”对话框。

3 选择“挤压”，对图片中女孩稍胖的脸部进行调整，画笔大小可以根据数值调整。

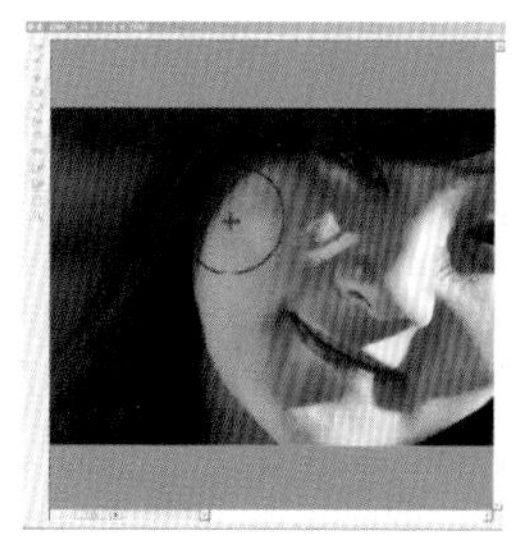

4 选择“放大”，对图片中女孩的嘴唇进行放大调整，使得嘴唇更加饱满，画笔大小可以根据数值调整。

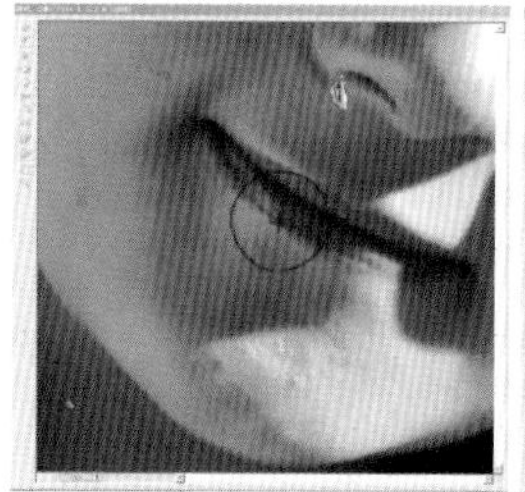
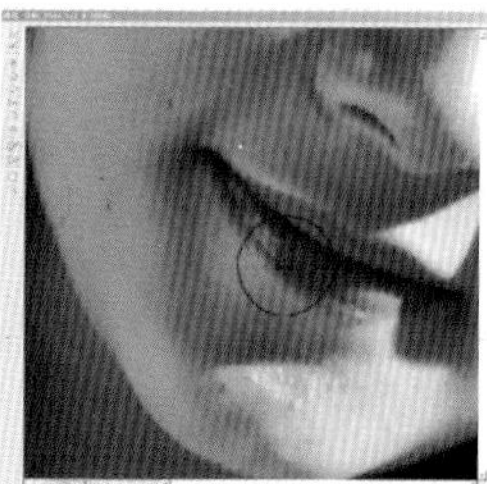

5 对不协调的地方进行微整。

▲液化前效果

▲液化后效果